Dawei Jia
Gérard Bourse

Évaluation des contraintes internes par méthode ultrasonore

Dawei Jia
Gérard Bourse

Évaluation des contraintes internes par méthode ultrasonore

Application au cas des pièces plastiques injectées

Presses Académiques Francophones

Impressum / Mentions légales

Bibliografische Information der Deutschen Nationalbibliothek: Die Deutsche Nationalbibliothek verzeichnet diese Publikation in der Deutschen Nationalbibliografie; detaillierte bibliografische Daten sind im Internet über http://dnb.d-nb.de abrufbar.

Information bibliographique publiée par la Deutsche Nationalbibliothek: La Deutsche Nationalbibliothek inscrit cette publication à la Deutsche Nationalbibliografie; des données bibliographiques détaillées sont disponibles sur internet à l'adresse http://dnb.d-nb.de.

Coverbild / Photo de couverture: www.ingimage.com

Verlag / Editeur:
Presses Académiques Francophones
ist ein Imprint der / est une marque déposée de
OmniScriptum GmbH & Co. KG
Heinrich-Böcking-Str. 6-8, 66121 Saarbrücken, Deutschland / Allemagne
Email: info@presses-academiques.com

Herstellung: siehe letzte Seite /
Impression: voir la dernière page
ISBN: 978-3-8416-2416-1

Remerciements

Ce travail a été réalisé à l'Ecole des Mines de Douai, au sein du Département Technologie des Polymères et Composites et Ingénierie Mécanique dirigé par le Professeur Patricia Krawczak, que je remercie de m'avoir accueilli dans son département.

Je tiens à exprimer ma gratitude à Messieurs les Professeurs Frédéric COHEN-TENOUDJI, et Marcel GINDRE, qui ont accepté d'être les rapporteurs de mon travail.

Je remercie le Professeur Gilles CORNELOUP, et le Professeur Huiji SHI qui ont bien voulu examiner ce travail et me faire l'honneur de participer à mon jury de thèse.

Je remercie mes deux codirecteurs de thèse, le Professeur Claude ROBIN et le Professeur Marie-France LACRAMPE qui m'ont conseillé et dirigé pendant mon étude.

J'exprime toute ma reconnaissance à Monsieur BOURSE, Maître de recherche à l'Ecole des Mines de Douai, qui m'a permis de mener ce travail à bien, et dont l'aide m'a été précieuse tout au long de celui-ci.

Je suis aussi particulièrement reconnaissant envers Monsieur Hervé DEMOUVEAU qui m'a consacré beaucoup de son temps, pour la conception et la réalisation de mes capteurs ultrasonores.

Je remercie Messieurs Salim CHAKI, Daniel ZAKRZEWSKI, et Olivier SKAWINSKI pour leurs conseils et leur aide lors de mes expérimentations.

Je remercie également Messieurs Laurent CHARLET et Richard METHNER pour leur support au niveau de la mise en œuvre de la fabrication de mes pièces thermoplastiques injectées et pour l'usinage de mes montages expérimentaux.

Pour la partie concernant les mesures de photoélasticimétrie, j'exprime ma reconnaissance à Monsieur Jean-Pierre TANCREZ, Maître de Conférences à Polytech'Lille, pour ses précieux conseils et sa disponibilité.

J'exprime ma reconnaissance à tous mes collègues qui m'ont aidé à m'intégrer rapidement à la vie française et de passer une période de ma vie inoubliable à l'étranger.

Enfin, je désire dire merci à ma femme Fanwei SONG, ainsi qu'à mes amis Madame Hong WEI et Monsieur le chef du restaurant universitaire de l'Université d'Artois Agostino SCAFETTA, qui m'ont toujours soutenu et encouragé au cours de ma thèse.

Table des Matières

Introduction Générale

Les polymères thermoplastiques sont apparus au milieu du siècle dernier. Depuis, les évolutions des techniques de synthèse et de transformation leur ont permis de concurrencer, dans de nombreux domaines d'applications, les matériaux de construction traditionnels [JOH91]. Néanmoins, il est également établi que les propriétés finales des produits ne sont pas intrinsèques au matériau mais qu'elles dépendent de façon complexe des conditions de mise en œuvre [WIM95]. En particulier, les contraintes internes générées par le processus de fabrication des pièces en polymères ou composites thermoplastiques jouent un rôle majeur dans la qualité des produits, notamment en termes de stabilité dimensionnelle, de qualité des accostages, de performances mécaniques.

Le moulage par injection est l'un des procédés de mise en forme des polymères et polymères à renfort particulaire les plus importants. Il s'agit d'un procédé discontinu qui permet la fabrication en moyenne et grande séries, à cadence élevée, de pièces de géométrie complexe, de petite (quelques microgrammes) ou grande taille (quelques kilogrammes). Cependant, il génère la formation de contraintes internes hétérogènes qui peuvent, dans certains cas, affecter la résistance mécanique globale du produit, faciliter la fissuration sous contrainte dans certains environnements liquides ou gazeux, entraîner une rupture prématurée, dégrader la précision et la stabilité dimensionnelle [EIJ97, TUR99, BEN04, BRA05]. Des modèles de simulation du procédé sont aujourd'hui disponibles qui permettent, moyennant un certain nombre d'hypothèses plus ou moins réalistes, de les prédire, qu'il convient néanmoins de valider expérimentalement [CHO99]. Par ailleurs, au delà de la prévision, pour certaines applications, il convient également de s'assurer, en service, de l'état des contraintes résiduelles dans les produits. Pour ces deux raisons, des méthodes de mesure adaptées des contraintes internes dans les pièces plastiques injectées doivent être mises en œuvre.

La plupart des techniques actuellement disponibles sont destructives, longues et difficiles à mettre en place. La mise au point d'une méthode non destructive, facile à utiliser, serait dans ce contexte, d'un intérêt scientifique et industriel évident. L'objectif recherché est la mise en œuvre d'une nouvelle technique de détermination de contraintes internes, pouvant s'appliquer dans un contexte industriel, ayant la vocation d'améliorer la qualité de production des pièces moulées en polymères thermoplastiques.

La méthode ultrasonore (US) de détermination des contraintes constitue une approche innovante du problème, car elle est non destructive, facile d'utilisation et pourra s'adapter aux applications industrielles. Dans cette étude, nous allons définir le dispositif expérimental approprié pour déterminer les contraintes résiduelles dans les pièces injectées en polymères thermoplastiques par méthode ultrasonore. L'originalité de ce travail est l'utilisation des ondes longitudinales réfractées à l'angle critique [HOB04, QOZ08] dans le cas de matériaux thermoplastiques à faible vitesse de propagation.

Chapitre 1 Contexte Industriel et Scientifique

1.1. Introduction

Depuis leur apparition au siècle dernier, et en raison de propriétés spécifiques particulièrement intéressantes, les polymères thermoplastiques n'ont cessé de concurrencer avantageusement les matériaux de construction traditionnels [JOH91].

Par rapport aux matériaux métalliques, les polymères présentent un pouvoir d'atténuation phonique plus élevé, de meilleures propriétés d'isolation électrique et thermique, une moindre sensibilité aux phénomènes de résonance, une excellente résistance à l'usure et propriété de frottement [CAR00, JOH91, TRO93]. Leur faible densité, voisine de 1 g/cm^3, permet, à performances équivalentes, des réductions de poids significatives (de l'ordre de 40% par rapport à l'acier et de 20% par rapport à l'aluminium). Ainsi, leurs propriétés mécaniques spécifiques (i.e. rigidités et résistances, ramenées à l'unité de poids) leur permettent de concurrencer avantageusement les matériaux métalliques dans un large panel d'applications industrielles. Ces matériaux sont en outre plus résistants à l'endommagement, notamment vis à vis de certains environnements agressifs (fluides corrosifs, chaleur, ultraviolets, chocs et vibrations) [CHA90, REY98, TRO93]. Ils peuvent donc être adaptés à certaines applications particulières, lorsque les conditions de services sont sévères. A la fin du siècle dernier, la production annuelle mondiale en volume des polymères a largement dépassé celle des métaux traditionnels [REY98].

Par rapport aux polymères thermodurcissables, les macromolécules des thermoplastiques ne sont pas chimiquement liées les unes aux autres après la mise en œuvre, ils peuvent donc être réutilisés à discrétion et sont recyclables [CAR00, MAG06]. Ils peuvent être soudés pour la réalisation de pièces complexes, en ligne ou lors d'opérations de transformation ultérieures [CHA90]. Leurs temps de transformation et de mise en forme sont plus courts, les procédés correspondant sont moins consommatrice d'énergie [PAR06]. Par ailleurs, n'utilisant pas de solvants ou de matières volatiles, l'impact environnemental de leur mise en œuvre est limité [BOS92]. Les thermodurcissables représentaient 80% de l'utilisation des plastiques au début de l'industrialisation des matériaux polymères, à la fin du siècle dernier, la situation s'est maintenant inversée [REY98].

L'incorporation dans ces polymères d'additifs (retardateurs de flamme, lubrifiants, plastifiants, modifiants chocs, colorants, etc.) ou de fibres (coupées courtes ou longues, ou continues) permet encore d'élargir leur champ d'application aux pièces de structures [EIJ97, CAR00, TRO93]. Ils conviennent pour des applications dans le domaine de l'industrie chimique, par exemple pour la fabrication de tuyauteries et de cuves de stockage résistant à la corrosion et à la pression [BOS92]. En particulier, la possibilité de maîtrise de l'anisotropie et de l'hétérogénéité des composites à matrice thermoplastique, leur permettent de jouer un rôle de plus en plus important dans les industries aérospatiales et militaires.

Pour toutes ces raisons, l'utilisation des polymères et composites thermoplastiques dans un nombre croissant de secteurs d'activité (la construction mécanique, le bâtiment, l'équipement ménager, l'automobile et l'électronique par exemple) est en constante augmentation depuis dix ans, avec un taux de croissance en masse de 7 à 10% dans le monde.

Parmi tous les procédés de transformation des polymères thermoplastiques, la technique de moulage par injection occupe une place particulière. En effet, elle représente environ 40% du poids économique de la profession et permet la fabrication, en une seule opération, de pièces complexes de toutes tailles, avec un fort taux de production et à faible coût, intégrant un nombre important de fonctions.

Les pièces injectées trouvent des applications dans tous les domaines industriels traditionnels (emballage, électricité, bâtiment, automobile, cosmétique, biens de consommation) ou de pointe (médical et chirurgical, aéronautique, nucléaire). Pour toutes ces applications, depuis une dizaine d'années, les qualités esthétiques sont devenues un critère d'appréciation prépondérant, conditionnant la réussite commerciale des produits fabriqués et le prix de revient des pièces (les taux de rebut, pour des applications au caractère esthétique très marqué, peuvent être très importants).

Néanmoins, il est bien établi que les propriétés des polymères ne sont pas intrinsèques, mais qu'elles dépendent le plus souvent des conditions de transformation [WIM95]. Les contraintes résiduelles induites lors de la fabrication sont présentes effectivement dans tous les matériaux

4

thermoplastiques et composites, et constituent un point important pour le contrôle de la qualité des produits thermoplastiques, comme par exemple leur précision dimensionnelle, l'accostage des pièces et leurs performances mécaniques [DAL98].

Dans les pièces injectées, le niveau des contraintes résiduelles peut être suffisant pour induire des variations dimensionnelles et de forme du produit dues à l'effet du bord libre, et principalement au retrait et au gauchissement non uniforme des pièces. Pour les pièces manufacturées qui doivent être assemblées, la stabilité dimensionnelle et la précision sont très importantes, il faut prendre en compte le retrait du produit lors de la conception des moules [ROS95]. Cependant, avec la croissante demande sur la tolérance des pièces, des informations plus précises sont nécessaires. Pour les pièces épaisses, qui sont souvent trop rigides pour libérer les contraintes internes par déformation, il peut apparaître des fissures [RUI05] ou des lacunes [ADA91] pouvant entraîner l'endommagement de la pièce.

Non seulement une contrainte résiduelle de traction diminue la résistance mécanique globale des matériaux [EIJ97], mais elle facilite la fissuration sous contrainte dans les liquides et gaz agressifs [TUR99]. Cela diminue sensiblement les propriétés mécaniques des polymères et est susceptible de provoquer la rupture prématurée de la structure.

Il est donc important pour modéliser la distribution des contraintes résiduelles en fonction des paramètres de transformation, de contrôler leur niveau dans les produits polymères, et de trouver des méthodes pour les relaxer lorsqu'elles sont en traction ou de favoriser les contraintes de compression. Les chercheurs [CHO99] ont commencé à les prendre en considération lors de la conception et de la modélisation des structures. En conséquence, il y a une demande croissante de résultats expérimentaux sur les contraintes pour valider les divers modèles prévisionnels.

Beaucoup de polymères sont utilisés à l'extérieur, et exposés aux conditions environnementales (climatiques et pollution). Les matières chimiques conservées dans les cuves de stockage peuvent aussi altérer les polymères. Toutes ces conditions peuvent conduire à la dégradation du matériau reliée avec le niveau des contraintes résiduelles [BEN04, BRA05]. Ceci pourrait constituer une méthode efficace pour surveiller l'endommagement dans les installations industrielles en polymères et composites en mesurant les variations de niveau des contraintes résiduelles. Ceci permettrait de suivre la dégradation du matériau en service et de le remplacer avant que l'endommagement ne soit fatal.

La connaissance des contraintes résiduelles est une question clé pour comprendre la relation entre le processus de fabrication et les propriétés des produits, afin d'optimiser la fabrication de la pièce. Après un rappel des mécanismes à l'origine de la génération des contraintes internes dans les pièces injectées, les différentes méthodes (destructives et non destructives) traditionnellement utilisées pour les évaluer seront présentées, en faisant ressortir leur avantages, inconvénients et domaines d'application. Les bases théoriques ainsi que les applications de la méthode ultrasonore seront ensuite présentées dans le détail. On s'attachera notamment à en mettre en évidence les intérêts potentiels tout en identifiant clairement les limites actuelles dans le cas des polymères thermoplastiques injectés, afin de proposer un programme de recherche pertinent et réaliste.

1.2. Origine des Contraintes Internes

1.2.1. Différents Types de Contraintes Induites par injection

Le processus de transformation des thermoplastiques injectés est très compliqué. Après simplification, on peut le diviser en trois étapes : l'étape de remplissage, l'étape de compactage, et l'étape de refroidissement [HAN97, CHE00]. Les deux dernières étapes, appelées l'étape après-remplissage dans l'étude [CHE94], sont les plus importantes en ce qui concerne le contrôle de la qualité des produits injectés, comme par exemple la précision dimensionnelle, la conformité du profil de cavité, et les propriétés mécaniques, afin d'éviter le gauchissement des pièces après éjection. Par conséquent, seule l'étape après-remplissage sera considérée pour l'analyse des contraintes résiduelles dans la majeure partie de l'étude.

Pendant l'étape de remplissage, le polymère fondu s'introduit dans le moule à grande vitesse, due à la pression d'injection. Afin d'obtenir un produit de bonne qualité, il ne faut pas produire de bulle d'air, de ligne de soudage ou d'autres défauts pendant le processus. Parce que la température des parois extérieures du moule est plus faible, une fine gaine solide fige instantanément au contact des parois du moule, mais la veine reste fluide à l'intérieur, comme le montre la Fig.1.2-1.

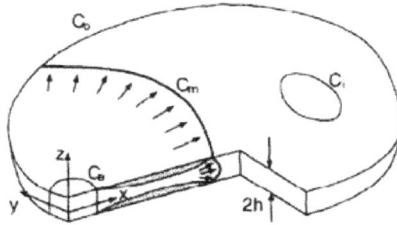

Fig.1.2-1. Ecoulement des polymères fondus dans le moule [HAN97]

Pendant l'étape de compactage, les matériaux dans le moule peuvent être à l'état solide ou liquide, en fonction de la température locale. La pression de maintien à l'entrée du moule fait rentrer le polymère fondu qui compense ainsi la réduction suivante due à la solidification [HAN97] et la cristallisation (pour semi-cristallin) [CHA90] du polymère. Au cours du refroidissement du matériau, l'épaisseur de gaine solide augmente progressivement jusqu'à l'entière solidification du matériau.

Enfin la pièce plastique se refroidit jusqu'à ce qu'elle soit suffisamment rigide. Après l'éjection, les pièces ayant une forme simple pourront se contracter dans le plan et se gauchir dans l'épaisseur, à cause des contraintes résiduelles et de la variation de température. Il est connu que le retrait continue lentement au cours du temps d'utilisation ou de stockage des pièces, ce phénomène étant dû aux effets du vieillissement ou de la recristallisation. Le processus étant retardé à cause de la viscosité du polymère, il agit en fonction du logarithme du temps. Dans les études, le retrait est généralement mesuré entre 24 et 48 heures après fabrication [JAN98].

Les contraintes résiduelles peuvent se définir comme « les contraintes qui subsistent dans les pièces mécaniques lorsque ces dernières ne sont soumises à aucun effort extérieur ». Dans le cas des polymères, les contraintes résiduelles permettent de décrire des configurations de non-équilibres des chaînes polymères après la fabrication. Elles sont le résultat de la déviation d'atome de leur position d'équilibre, de la distorsion des angles de valence dans la chaîne moléculaire, ainsi que des changements de distance entre des segments moléculaires [DAL98]. Les contraintes résiduelles développées dans le moule peuvent être attribuées aux trois origines principales comme décrites par Young [YOU04] : soit les contraintes induites par le retrait thermique, les contraintes dues à la pression figée et les contraintes induites par l'écoulement. Il conclut que toutes les contraintes résiduelles dépendent bien du retrait et des propriétés viscoélastiques des matériaux thermoplastiques pendant la fabrication, qui sont affectées directement par la nature du matériau et les paramètres de transformation, voire la géométrie du moule. L'effet de relaxation des contraintes jouant un rôle important dans la conception des pièces, les chercheurs utilisent plutôt le modèle thermo-élasto-visqueux pour la prévision des contraintes dans la pièce, qui donne réellement des résultats plus précis que l'approche élastique [CHA90, CHO99, CHE00].

1.2.2. Influence des Propriétés du Matériau

Les propriétés du matériau qui ont une influence sur les contraintes résiduelles sont la morphologie du matériau, l'orientation moléculaire, le coefficient d'expansion thermique (CTE), le module élastique, la géométrie de l'éprouvette, etc. Ces facteurs sont les plus importants, et vont souvent intervenir dans les discussions.

D'après la morphologie, les polymères thermoplastiques peuvent se diviser en deux groupes : amorphes et semi-cristallins.

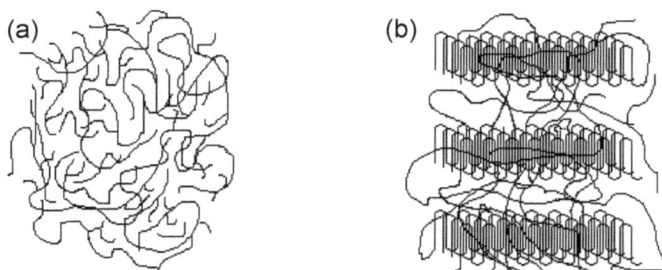

Fig.1.2-2. Morphologies des polymères (a) Amorphe (b) Semi-cristallin

Les polymères dont les formes moléculaires sont plus encombrantes et qui présentent des chaînes moléculaires désordonnées sont classifiés comme polymères amorphes (Fig.1.2-2a). Ils sont connus pour être transparents, avoir une bonne résistance à la rupture, et une bonne stabilité dimensionnelle. Ils sont généralement plus faciles à mouler sous forme tubulaire et présentent un retrait homogène avec un niveau de contrainte plus faible.

Les polymères dont les longues molécules linéaires forment des secteurs serrés et ordonnés sont classés comme polymères semi-cristallins.

Parce que les polymères semi-cristallins présentent relativement de nombreux défauts, par exemple dans les branches contenues dans les chaînes, ils ne sont jamais cristallins à 100%. Les cristaux sont reliés à la région amorphe par des chaînes de polymère, sans que la frontière entre les deux régions ne soit clairement définie (Fig.1.2-2b). Ils sont caractérisés par leur excellente flexibilité, résistance à l'usure, et leur bonne capacité à résister à la température et à la corrosion chimique, mais sont relativement plus difficiles à mouler et présentent un retrait inégal avec un niveau de contrainte élevé.

Dans le cas des thermoplastiques semi-cristallins, le retrait du volume provient de la densification de cristallisation (le cristallin a une plus grande densité que l'amorphe) et du retrait dû à la baisse de température. Pour les polymères amorphes, le retrait est seulement dû à la baisse de température. Le retrait total des matériaux semi-cristallins est dix fois plus grand que celui des polymères amorphes [CHA90].

L'orientation moléculaire des chaînes du polymère dépend localement des différences de contraintes normales. Leur distribution spatiale préférentielle induit l'anisotropie macroscopique des propriétés du matériau, qui peut aussi servir de mesure de l'orientation. L'anisotropie de la conductivité thermique, de l'expansion thermique, de la diffraction des rayons X, de l'absorption lumineuse, de la fluorescence et de l'indice de réfraction (biréfringence) ont été utilisés pour mesurer l'orientation moléculaire [WIM95]. Traité comme un type d'énergie, le déséquilibre de l'orientation moléculaire peut aussi augmenter l'entropie du système comme l'a indiqué Struick [STR88].

Récemment les études expérimentales ont montré que la géométrie affecte aussi le retrait des produits injectés, selon deux manières. En premier, elle peut influencer l'écoulement et causer l'effet d'orientation (pour toutes les phases amorphes et cristallines) conduisant à l'anisotropie du retrait. Ensuite, la restriction géométrique liée au moule, influe sur les conditions frontières du retrait. Donc dans les études majeures, on utilise des plaques rectangulaires ou des barres de traction [JAN98] pour avoir des formes simples.

1.2.3. Influence des Conditions de Transformation

Les contraintes résiduelles dépendent aussi des différentes conditions de transformation, par exemple la vitesse de refroidissement, la pression de maintien, la température du polymère et du moule, la vitesse d'injection, etc. Les facteurs les plus influents sont la température de la phase solide locale et la pression du liquide qui l'entoure [YOU04]. La procédure de moulage par injection crée de forts gradients de température et de pression dans le moule en fonction de la durée du cycle de moulage. En conséquence, l'histoire thermomécanique est différente pour tous les points du matériau, conduisant à une distribution spatiale compliquée des propriétés du polymère [WIM95].

1.2.3.1. Contraintes Thermiques

On définit au préalable les paramètres importants pour l'apparition des contraintes thermiques. Sur la figure 1.2-3a, la courbe du polysulfone (PSU) présente le cas du polymère amorphe, et la courbe du polyéthylène téréphtalate (PET) correspond au cas du polymère semi-cristallin. En fonction de la température, le polymère peut être dans l'un des états suivants : solide vitreux, solide viscoélastique ou liquide visqueux, qui affectent directement les propriétés mécaniques du polymère [YOU00].

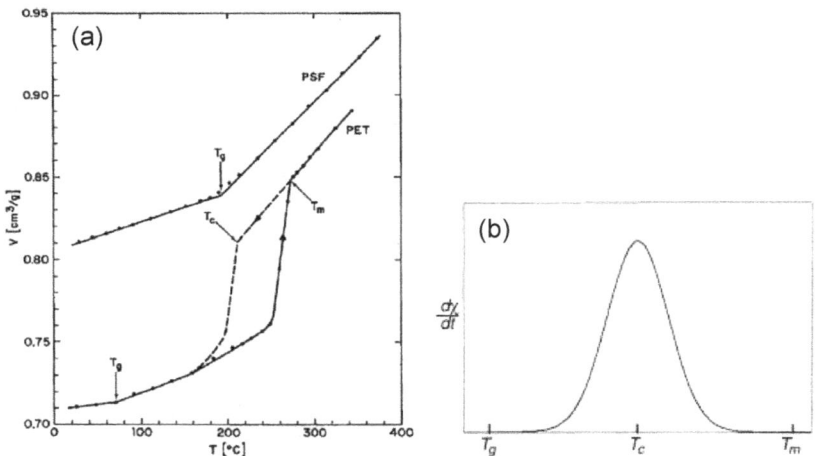

Fig.1.2-3. Variations en fonction de la température (a) volume de la pièce [PAR06], (b) Vitesse de la cristallisation [TRE00]

Pour les polymères amorphes, il n'y a pas de transition d'état bien définie. Des chercheurs ont défini approximativement la température de transition vitreuse T_g pour séparer les états élastique et viscoélastique. Pour les matériaux semi-cristallins, on peut définir la température de transition vitreuse T_g, la température de fusion T_m. La cristallisation intervient entre T_m et T_g, et la plus grande vitesse est obtenue à la température de cristallisation T_c (Fig.1.2-3b). Comme le montre la figure 1.2-3a, la portion de courbe en pointillé incluant T_c correspond au cas du refroidissement lent depuis l'état fondu. De plus, la figure montre que la variation de volume pour tous les thermoplastiques amorphes et semi-cristallins n'est pas linéaire dans le domaine de température où la transition d'état du polymère se passe. Par conséquent, les CTEs des thermoplastiques sont fonction de la température [PAR06].

Pour un grand nombre de polymères, T_g est bien supérieure à la température ambiante. Ceci est dû à plusieurs facteurs, notamment la taille importante et la rigidité des molécules. Aux basses températures et pour des vitesses de sollicitation élevées, les polymères montrent un comportement élastique, car le mouvement des chaînes principales et le glissement des segments sont bloqués. Toutefois, dans une vaste gamme de températures proches de T_g, les polymères manifestent des comportements viscoélastiques [MAG06].

La température SFT (Stress-Free Température) de « l'état libre de contrainte » [EIJ97], est la température en dessous de laquelle apparaissent les contraintes thermiques. On détermine souvent la SFT en chauffant le matériau jusqu'à la température où les contraintes résiduelles disparaissent. En fait, elle correspond à la température de transition de phase liquide – solide.

Pour des matériaux amorphes, quand la température est supérieure à T_g, les contraintes dues au retrait thermique peuvent se relaxer, car les chaînes moléculaires possèdent une énergie suffisante leur permettant un mouvement libre, particulièrement lorsque la vitesse de refroidissement est faible. En dessous de la température T_g, les polymères amorphes deviennent vitreux, les contraintes résiduelles peuvent se former et « se figer » pendant la poursuite du processus de refroidissement. La température SFT est donc située au voisinage de T_g.

Pour des matériaux semi-cristallins, la SFT se situe près de la température de cristallisation T_c, qui correspond à l'apparition des phases cristallines qui permettent d'absorber des déformations.

Généralement, la température d'injection des thermoplastiques fondus est bien plus élevée que la SFT et que la température de service. Les contraintes thermiques sont donc les contraintes résiduelles les plus importantes, essentiellement dues à la vitesse de refroidissement rapide et non uniforme dans l'épaisseur des pièces injectées.

On peut diviser le matériau en différentes couches dans l'épaisseur. En raison de la mauvaise conductivité thermique des polymères, à la fin du remplissage, le champ de température dans la pièce est hétérogène, il correspond à l'ambiante en peau et augmente vers l'intérieur (Fig.1.2-4a). Si les couches de polymères n'étaient pas solidaires les unes des autres, la distribution parabolique de la température dans l'épaisseur entraînerait un retrait thermique différent pour toutes les couches lors du retour à la température ambiante (Fig.1.2-4b), en particulier dans le cas où le module du matériau change quand la température franchit la SFT [CHE00].

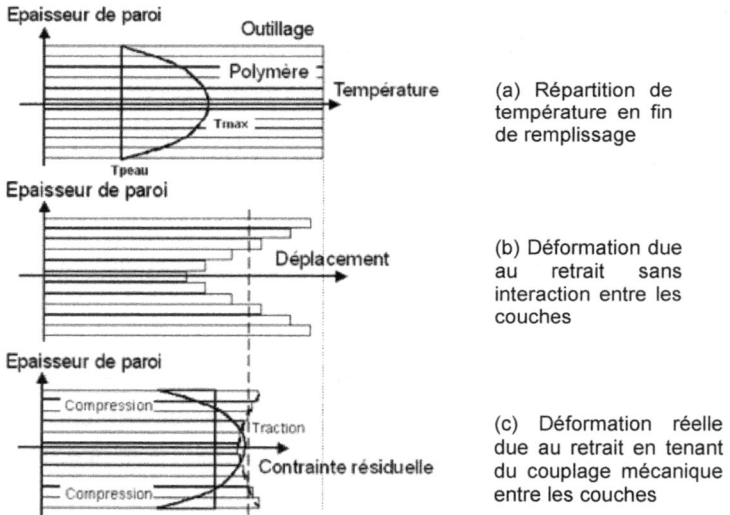

(a) Répartition de température en fin de remplissage

(b) Déformation due au retrait sans interaction entre les couches

(c) Déformation réelle due au retrait en tenant du couplage mécanique entre les couches

Fig.1.2-4. Formation des contraintes thermiques dans l'épaisseur de la pièce [OLI06]

En effet, pour différentes couches positionnées à différentes profondeurs dans l'épaisseur de pièce, la transition de phase des matériaux se déroule à différents moments. En dessous de la SFT en peau, la partie centrale peut toujours se solidifier, cependant les surfaces sont déjà solides. Pendant le refroidissement, les surfaces vont gêner le retrait de la partie au centre et générer des contraintes thermiques. A température ambiante, les contraintes thermiques présentent une répartition parabolique dans l'épaisseur, le cœur

12

de la pièce se trouve en traction et elles passent en compression lorsqu'on se rapproche de la peau. Les niveaux de contrainte de compression sont plus importants en extrême peau (Fig.1.2-4c). Dans la littérature, le mécanisme qui génère les contraintes thermiques s'appelle l'effet peau-cœur thermique [PAR06, CHA90].

Le paramètre le plus important, lors de la fabrication des pièces thermoplastiques est la vitesse de refroidissement dans l'épaisseur de la pièce [PAR06].

Pour les polymères amorphes, grâce au comportement viscoélastique mentionné précédemment, les contraintes résiduelles dans ces matériaux peuvent se relaxer, surtout si la vitesse de refroidissement est faible. Patricia [PAR06] a noté que les contraintes résiduelles augmentent avec la vitesse de refroidissement, et que la distribution parabolique est plus marquée.

Pour les thermoplastiques semi-cristallins, le niveau de cristallinité joue également un rôle significatif dans l'effet peau-cœur [CHA90], et dépend aussi de la vitesse de refroidissement. Il peut se mesurer par calorimétrie différentielle à balayage (Differential Scanning Calorimetry, DSC) et par dispersion des rayons-X aux grands angles (Wide Angle X-ray Scattering, WAXS) [PAR07]. Une vitesse de refroidissement élevée peut réduire la relaxation des contraintes et aussi diminuer le taux de cristallinité et la température de cristallisation (la SFT) [TRE00]. Plus le taux de cristallinité est faible, plus le retrait volumique est petit, et par conséquent les contraintes thermiques diminuent. Simultanément, l'intervalle de température où les contraintes résiduelles sont générées se réduit aussi, en raison de la baisse de la SFT. Par conséquent, le niveau des contraintes résiduelles diminuera lors d'un refroidissement rapide du matériau. Dans le cas des polymères semi-cristallins, il y a une compétition entre le comportement viscoélastique et le taux de cristallinité qui sont deux phénomènes qui ont des effets inverses sur le mécanisme de développement des contraintes résiduelles.

L'effet de la température de veine est légèrement moins important. Quand la température de veine augmente, il y a plus de temps pour la relaxation et l'amplitude des contraintes de compression en surface et de traction à cœur diminue. La figure 1.2-5, qui correspond aux résultats expérimentaux sur du polybutylène succinate avec 70% d'amidon (B70), montre cette tendance.

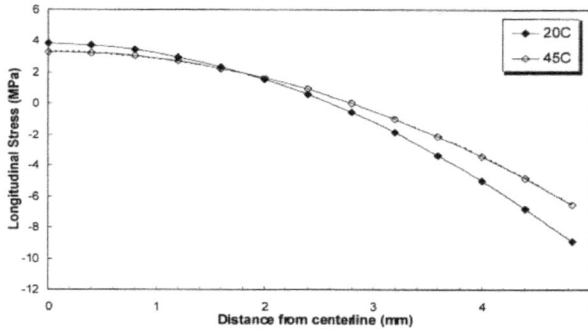

Fig.1.2-5. Effet de la température de veine sur la distribution des contraintes résiduelles dans B70 [SEN00]

La vitesse d'injection et la température de moule ont peu d'influence sur l'apparition des contraintes et ne montrent pas une tendance générale pour tous les polymères [JAN98]. Par exemple, Sen [SEN00] pense que l'augmentation de la vitesse d'injection peut baisser le niveau des contraintes de traction à cœur, grâce à l'accroissement de température dans le moule provenant de l'écoulement de cisaillement, qui conduit à une relaxation plus importante des contraintes, mais sans influence sur les contraintes de compression en surface. Cependant Siegmann [SIE87] a montré que les contraintes de compression en surface diminuent avec la vitesse d'injection, et peuvent passer en traction lorsque la vitesse est très faible.

Il y a un autre concept, celui de « volume libre » amplement mentionné pour expliquer les phénomènes liés à l'expansion et au retrait thermique des matériaux [BAS98, MAG06]. Le volume total de polymère amorphe correspond au volume occupé par les molécules du polymère et le volume libre entre les molécules. L'espace vide est disponible pour des mouvements moléculaires à l'intérieur des polymères, ce qui permet également d'expliquer le comportement en fluage [JAZ05]. Quand le polymère se refroidit à une vitesse élevée, le volume libre se fige dans la pièce dès que la température atteint T_g, le volume rémanent de la pièce est donc plus grand après le processus de refroidissement ; la température de transition vitreuse est ainsi plus élevée, elle permet un plus grand intervalle de température où les contraintes thermiques peuvent se former (Fig.1.2-6). Mais il y a encore conflit entre cette théorie et une nouvelle théorie [JON03] appelée « entropie de la configuration excessive » (excess configurational entropy).

14

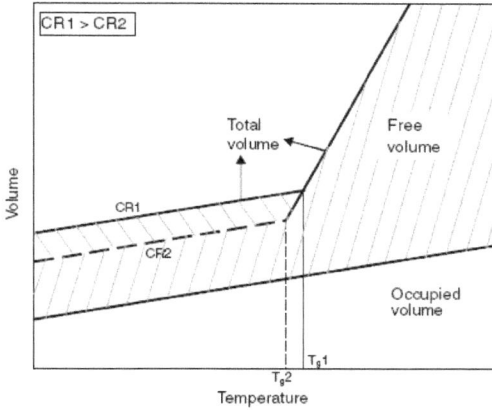

Fig.1.2-6. Effet des vitesses de refroidissement (CR) sur le volume libre et la température de transition vitreuse d'un amorphe [PAR06]

1.2.3.2. Contraintes Figées

De nombreuses études mentionnent également que les contraintes figées issues de la pression de solidification sont aussi très importantes [CHO99, JAN98]. Elles conditionnent le retrait et compliquent davantage le champ des contraintes résiduelles.

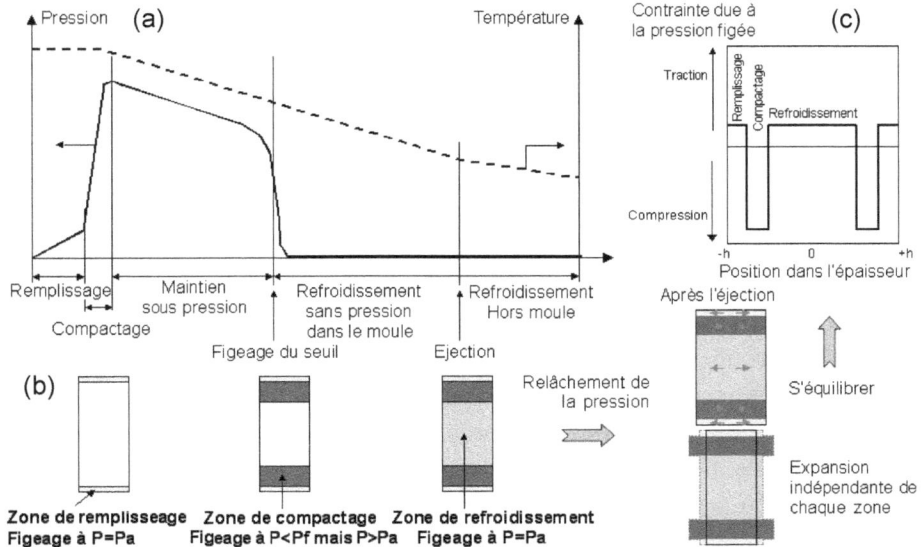

Fig.1.2-7. Formation des contraintes figées à cause des changements de pression [OLI06]

Pendant la procédure d'injection, les contraintes résiduelles se développent dans la phase solide, leur amplitude est égale à la pression P lors de la solidification [YOU04]. La pression lors de solidification de la pièce est non homogène en fonction du temps, ni dans l'épaisseur. La figure 1.2-7a montre l'évolution de la pression P et de la température de la pièce au cours de son refroidissement.

Pendant l'étape de remplissage, la zone en contact avec le moule (zone de remplissage à la Fig.1.2-7b) se solidifie instantanément à la pression atmosphérique Pa. Ensuite la pression augmente pendant l'étape de compactage, grâce à la pression de maintien P_f. En conséquence, le polymère fondu solidifié pendant cette étape (zone de compactage à la Fig.1.2-7b) subit une pression bien plus élevée. A cause des propriétés viscoélastiques du polymère fondu, il y existe un fort gradient de pression entre le point d'entrée et les parois du moule [YOU04]. Au fur et à mesure que le refroidissement se déroule, la viscosité du polymère à l'entrée du moule augmente et celui ci devient de plus en plus figé, ce qui se traduit par une réduction progressive de la pression de solidification dans la zone loin de l'entrée. Lorsque l'entrée est entièrement figée, la pression de polymère à l'intérieur diminue rapidement vers Pa. La zone solidifiée (Fig.1.2-7b) pendant cette étape s'appelle « zone de refroidissement ».

Après l'éjection, en faisant abstraction de l'influence du retrait thermique, les contraintes vont s'équilibrer dans les différentes zones. La zone de compactage se retrouve soumise à des contraintes de compression, alors que les deux zones, de remplissage et de refroidissement qui l'entourent sont soumises à des contraintes de traction [AGA01]. Le schéma des contraintes figées est présenté à la Fig.1.2-7c, en respectant le signe et l'amplitude des contraintes présentes dans les trois zones.

Il a été observé [JAN98] qu'une haute pression de maintien diminuait le retrait du produit dans toutes les directions. Dans ce cas, il y a plus de polymère fondu introduit dans le moule, ce qui entraîne la réduction du volume libre dans le matériau. La pression de maintien élève également le niveau des contraintes figées de compression. La différence entre les maxima de contraintes de traction et de compression augmente avec la pression, comme l'a montré Choi [CHO99] dans le cas du polystyrène (PS) à la Fig.1.2-8. Cependant la durée de maintien sous pression n'est pas si importante, compte tenu que l'entrée du moule est presque totalement figée 5 secondes après le remplissage [SEN00].

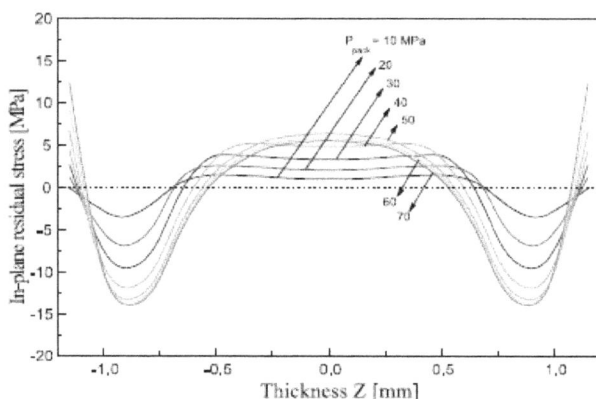

Fig.1.2-8. distributions des contraintes résiduelles sous des pressions de maintien différentes [CHO99]

1.2.3.3. Contraintes d'écoulement

Les contraintes d'écoulement proviennent principalement du gradient des vitesses de l'écoulement non-isotherme, compressible et viscoélastique auxquels est soumis le polymère fondu dans le moule pendant l'étape de remplissage et la relaxation des contraintes pendant l'étape après-remplissage [SEN00, CHE94].

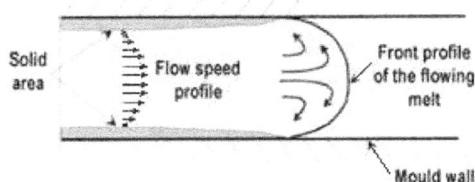

Fig.1.2-9. Schéma d'un écoulement de fontaine [CAR00]

Comme le montre la Fig.1.2-9, à l'intérieur de la veine fluide, le profil de vitesse est approximativement parabolique, avec la vitesse minimale en paroi et maximale au centre, générant ainsi le développement des contraintes de cisaillement. Mais dans la zone de front, la vitesse est approximativement répartie uniformément sur toute l'épaisseur [CHE94]. Le passage progressif entre les deux types de profils de vitesse implique une décélération des particules du fluide sur l'axe de l'écoulement et l'apparition d'une composante de vitesse dans la direction perpendiculaire à l'écoulement principal. L'écoulement transporte les particules du fluide issues de la zone de front, vers la paroi du moule, il est également appelé « écoulement de fontaine » [OLI06].

Généralement, le niveau des contraintes d'écoulement est plus faible que celui des contraintes thermiques ou figées [CHE00]. Elles ne participent donc pas activement à la déformation de la pièce thermoplastique. En réalité, les contraintes d'écoulement peuvent évidemment augmenter le déséquilibrage des orientations moléculaires des chaînes et conduire à l'anisotropie des matériaux et au gauchissement de la pièce, surtout dans le cas des polymères semi-cristallins. Daly [DAL98] a montré que les contraintes d'écoulement sont beaucoup plus importantes suivant la direction d'écoulement, que dans les autres directions.

L'orientation moléculaire locale de la pièce en polymère peut être prévue par le modèle de Maxwellian en régime stationnaire [LAF98]. Nous pouvons étudier les contraintes d'écoulement via des orientations moléculaires par biréfringence, dispersion des rayons-X aux grands angles (WAXS), etc.

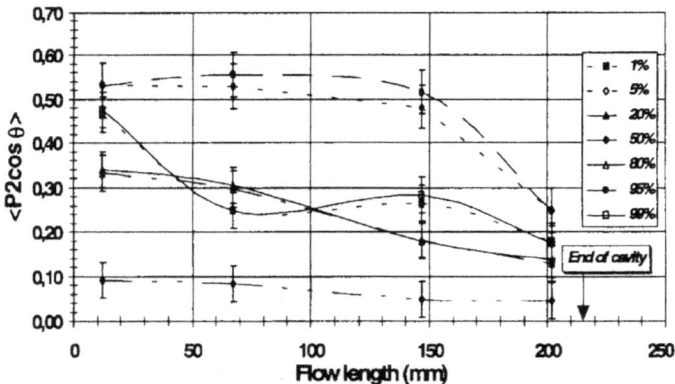

Fig.1.2-10. Orientation moléculaire en fonction de la distance d'écoulement à différentes profondeurs [LAF98]

E. Lafranche [LAF98] a déterminé l'orientation moléculaire dans des pièces en polypropylène par la méthode du dichroïsme infrarouge. Cette méthode consiste à découper des tranches de très faible épaisseur (microtomiques), en utilisant leur absorption anisotrope du rayonnement infrarouge. La mesure mène au deuxième moment de la fonction de

18

distribution globale d'orientation, $<P2\cos\theta>$, qui permet de séparer la distribution d'orientation pour les phases cristallines et amorphes du polymère. Suivant l'axe de l'écoulement, toutes les courbes obtenues sous les différentes profondeurs (1, 5, 20, 50, 80, 95, et 99% dans l'épaisseur) révèlent la même tendance (Fig.1.2-10), signifiant une diminution d'efficacité de la transmission de pression dans la pièce. Daly [DAL98] a attribué le phénomène au fait que le gradient de vitesse dans la zone de front est de plus en plus faible suivant la direction de l'écoulement.

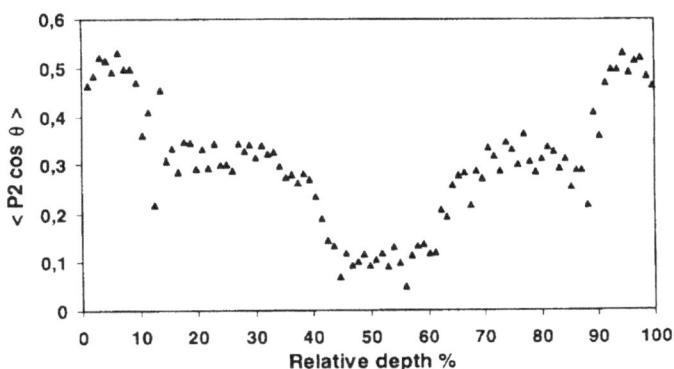

Fig.1.2-11. Orientation moléculaire en fonction des profondeurs dans l'épaisseur [LAF98]

Le profil d'orientation moléculaire dans l'épaisseur issu de la même mesure est montré à la Fig.1.2-11. Pour les zones proches de la paroi du moule, l'orientation moléculaire est élevée, ceci est dû à l'existence des contraintes de cisaillement à l'interface entre des couches solidifiées et des polymères fondus. En fait, dans ces zones, la température est la plus faible. Car le temps nécessaire pour la relaxation des chaînes moléculaires croît exponentiellement lorsque la température diminue vers la température SFT, il n'y a pas suffisamment de temps pour relaxer, et l'orientation suivant la direction de l'écoulement est figée très rapidement à l'état vitreux [WIM95]. Dans la zone centrale, la température est plus haute, les macromolécules ont un temps plus long pour s'organiser après le figeage définitif de l'entrée (sans écouler). La zone correspondant ne montre pas une orientation particulière et est donc isotrope pratiquement. La zone entre les deux zones précédentes est la zone de transition.

En général, une vitesse d'écoulement plus grande génère des orientations moléculaires plus grandes. Cependant une température de veine plus grande réduit les orientations moléculaires à cause du temps de relaxation plus long après l'arrêt de l'écoulement [DAL98].

1.2.3.4. Quelques cas réels de recherche

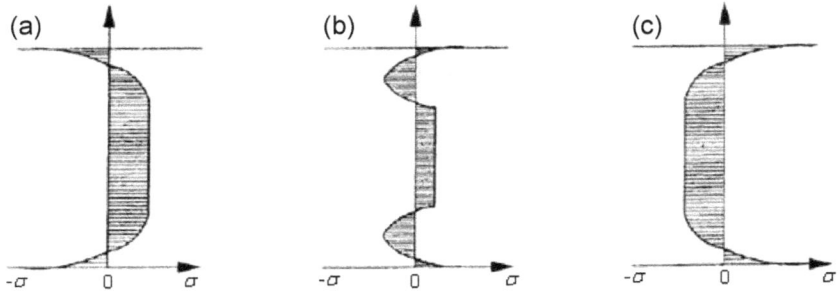

Fig.1.2-12. Distribution des contraintes résiduelles à travers l'épaisseur

Daly [DAL98] a indiqué que dans les polymères injectés, la distribution des contraintes résiduelles à travers l'épaisseur de la pièce peut présenter trois genres de profil différents, en fonction du matériau, de la géométrie de la pièce, et de leurs conditions de fabrication (Fig.1.2-12). Les profils de contraintes peuvent suivre une distribution de type « compression en surface et traction à cœur », une distribution « traction en surface, compression en subsurface et traction à cœur », ou encore une distribution « traction en surface et compression à cœur ».

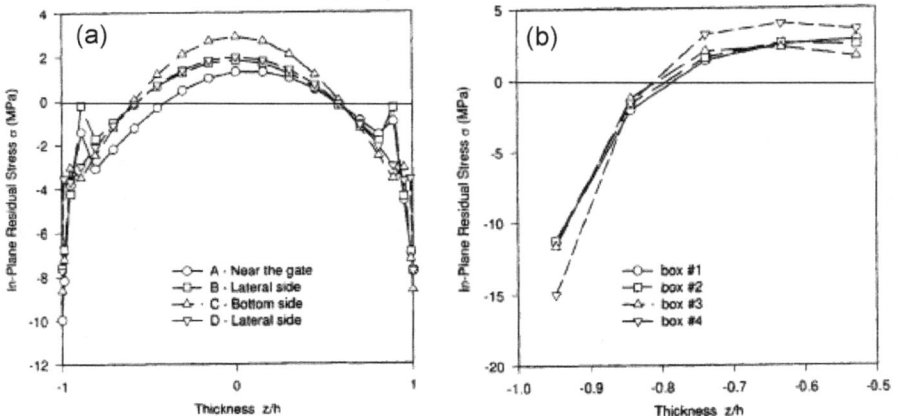

Fig.1.2-13 (a) Simulation numérique   (b) Méthode du trou incrémental

Kabanemi [KAB98] a effectué une simulation numérique pour évaluer les contraintes résiduelles dans une pièce en polycarbonate (PC). Les courbes de profil estimées montrent un état de compression en surface et de traction à cœur, qui coïncide avec des résultats expérimentaux obtenus par la méthode du trou incrémental (Fig.1.2-13).

Kim et al [KIM07] ont étudié les contraintes internes dans le cas d'une plaque rectangulaire injectée en PS de dimensions 120×30×2 mm. Les mesures réalisées par la méthode du trou incrémental et par la méthode d'enlèvement de matière, montrent une distribution de type « traction-compression-traction » des contraintes depuis la surface jusqu'au cœur de la plaque (Fig.1.2-14).

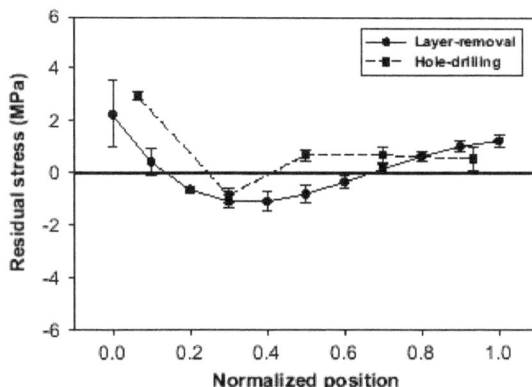

Fig.1.2-14 Profil des contraintes déterminé dans une plaque en PS

1.2.4. Polymères chargés

La différence principale pour les polymères chargés est l'introduction de la phase renforcée : les particules ou les fibres, qui améliorent considérablement les propriétés mécaniques du polymère. Pour prévoir les contraintes résiduelles dans les polymères chargés, il faut également considérer la différence entre les propriétés de la matrice du polymère et de la phase renforcée, ainsi que la qualité d'adhésion de l'interface entre les deux composants.

La disparité entre les CTEs est le paramètre principal [EIJ97]. En général, le CTE des fibres renforcées est plus faible que celui des matrices thermoplastiques. La différence significative du retrait va générer des contraintes résiduelles de compression radiales et longitudinales dans les fibres et en même temps des contraintes résiduelles de traction dans la matrice du polymère (Fig.1.2-15). Plus la température du refroidissement est éloignée de la SFT, plus les contraintes résiduelles se développent dans les polymères chargés.

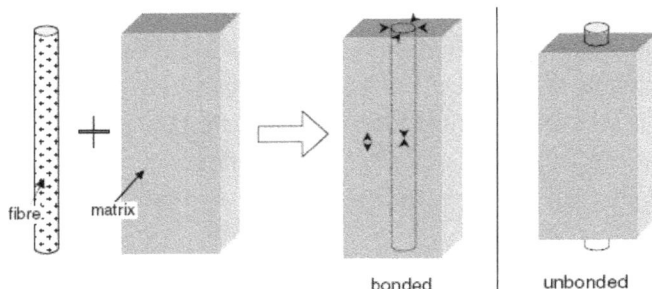

bonded   unbonded

Fig.1.2-15. Effet du refroidissement sur la matrice autour d'une fibre [FAV88]

Une forte adhérence entre la matrice et les fibres peut augmenter les contraintes résiduelles dans la pièce, elle est également nécessaire pour prévenir la décohésion des fibres et la fissuration éventuelle. Les contraintes résiduelles dans la direction radiale des fibres améliorent la résistance au cisaillement à l'interface [PAR06].

L'autre propriété physique qui influence la formation des contraintes résiduelles dans la pièce en polymère chargé, est le module de Young de la matrice de polymère [FAV88]. Plus le module de Young de la matrice est élevé, plus les contraintes résiduelles sont élevées [PAR06]. Le module dépend de la température, et dans le cas des polymères semi-cristallins, il dépend aussi de la vitesse de refroidissement. Une vitesse de refroidissement plus élevée génère un niveau de cristallinité plus faible, conduisant à une valeur du module de Young plus faible.

Favre [FAV88] a montré que les conditions environnementales de fabrication affectent significativement la formation des contraintes résiduelles. Par exemple, l'oxydation pendant le processus de chauffage peut occasionner des réactions chimiques dans la matrice ou à l'interface fibre-matrice, et influencer les propriétés thermiques et mécaniques des polymères chargés.

La pression peut affecter les propriétés thermiques de la matrice du polymère, qui est elle même en relation avec la formation des contraintes résiduelles, mais ce paramètre n'est pas le plus important car les fibres ne sont pas influencées par la pression [PAR06].

1.2.5. Conclusion partielle

Les mécanismes d'apparition des contraintes résiduelles dans les polymères injectés et leur distribution, notamment dans l'épaisseur sont relativement complexes. Il est donc important de choisir une méthode permettant de les caractériser.

La distribution des contraintes résiduelles moyennes dans l'épaisseur reflète bien le caractère hétérogène de la pièce dans le plan ; et de plus des gradients de contraintes résiduelles existent dans l'épaisseur. Les contraintes surfaciques sont très importantes pour prévoir le comportement mécanique du matériau et le changement dimensionnel de la pièce. Nous chercherons donc, dans cette étude, à estimer les contraintes moyennes dans l'épaisseur et les contraintes surfaciques et nous estimerons la possibilité de caractériser le gradient des contraintes dans l'épaisseur de la pièce.

1.3. Méthodes traditionnelles de mesure

Les mesures des contraintes résiduelles dans les produits plastiques utilisent des méthodes développées précédemment pour les métaux. Dans le cas des polymères, il faut tenir compte de sa morphologie et de ses propriétés mécaniques différentes. Il y existe beaucoup de méthodes traditionnelles pour déterminer les contraintes résiduelles dans les matériaux. Ici, on présentera seulement les méthodes qui sont utilisées pour étudier les thermoplastiques.

Toutes les méthodes peuvent se diviser en deux familles : destructives et non destructives.

1.3.1. Méthodes Destructives

La méthode par enlèvement de couches et la méthode du trou incrémental sont deux techniques destructives bien connues qui sont déjà bien établies dans l'industrie métallique. Leurs procédures sont décrites en détail dans un guide pratique sur la mesure des contraintes résiduelles dans les plastiques [TUR98]. Cependant, il existe aussi d'autres méthodes dont les domaines d'application sont un peu plus limités, par exemple, la méthode de fissuration dans des solvants.

23

1.3.1.1. Méthode par enlèvement de couches

La méthode par enlèvement de couches est une méthode importante pour remontrer à la distribution des contraintes résiduelles globales dans l'épaisseur de l'échantillon plastique, mais les utilisations sont limitées aux pièces de forme plane et rectangulaire. Sen [SEN00] suppose ces matériaux isotropes, élastiques, et que la relaxation se traduit par flexion pure et que la distribution des contraintes est uniforme sur toute la longueur d'échantillon.

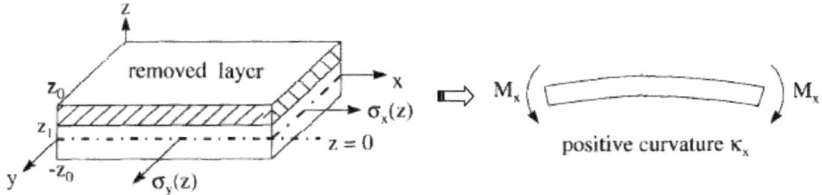

Fig.1.3-1. Schéma de la méthode par enlèvement de couches [EIJ97]

L'enlèvement d'une couche mince et uniforme, modifie l'équilibre du système, l'échantillon se déforme et prend une forme d'arc due à la libération des contraintes (Fig.1.3-1). Pour éviter la possible relaxation élasto-visqueuse, la flèche des différentes positions suivant la longueur de l'échantillon est mesurée immédiatement par méthode optique, et l'ajustement circulaire permet de déterminer le rayon de courbure qui est dû à la relaxation des contraintes internes contenues dans la couche enlevée. Il est donc possible de reconstruire le profil de distribution des contraintes internes de la pièce initiale en fonction de la profondeur [TUR99]. La valeur de la contrainte initialement contenue dans la couche enlevée est trouvée d'après l'équation développée par Treuting et Read [TRE51] :

$$\sigma_x(z_1) = \frac{-E(z_1)}{6(1-\nu^2)} \left[(z_0 + z_1)^2 \frac{d\kappa(z_1)}{dz_1} + 4(z_1 + z_0)\kappa(z_1) - 2\int_{z_1}^{z_0} \kappa(z)dz \right] \quad (1.3\text{-}1)$$

Où z_0 et z_1 sont respectivement les distances du centre d'échantillon à la surface et à la position de la couche enlevée dernière, $\sigma_x(z_1)$ est la contrainte dans la direction longitudinale à la position z_1, $E(z_1)$ est le module d'élasticité correspondant, mesuré après les différents enlèvements de matière par la technique de résonance en mode flexion [REM04], ν est le coefficient de Poisson, $\kappa(z_1)$ est la courbure dans la direction Ox, supposée d'être positive. Compte tenu du faible rapport entre la largeur et l'épaisseur, on néglige la courbure dans la direction Oy, bien qu'on ait un état de contraintes bi-axiales dans l'échantillon.

En général la répartition des contraintes résiduelles est symétrique dans l'épaisseur de la pièce injectée. Il est donc suffisant d'effectuer la procédure d'enlever les couches de la surface à la position de mi-épaisseur [SEN00].

La précision de cette méthode dépend en grande partie de celle de la mesure de la courbure. Mais il est prouvé que la méthode est sensible à la chaleur et aux microfissures générées lors de l'enlèvement de matière, qui relaxe les contraintes internes étudiées [PAR07]. En outre, elle prend beaucoup de temps et ne permet pas d'évaluer les contraintes en surface.

1.3.1.2. Méthode du trou incrémental

La méthode du trou incrémental convient presque à tous les types des matériaux et peut s'exécuter selon l'essai standard ASTM [AST01]. Elle est semi-destructive, ne requiert pas de préparation spéciale de l'échantillon, et peut s'effectuer sur une petite zone. Elle est donc une méthode utile de détermination des contraintes résiduelles dans le cas de pièce ayant une forme relativement complexe. Bien sûr, les résultats de mesure correspondent à l'emplacement où le trou est percé.

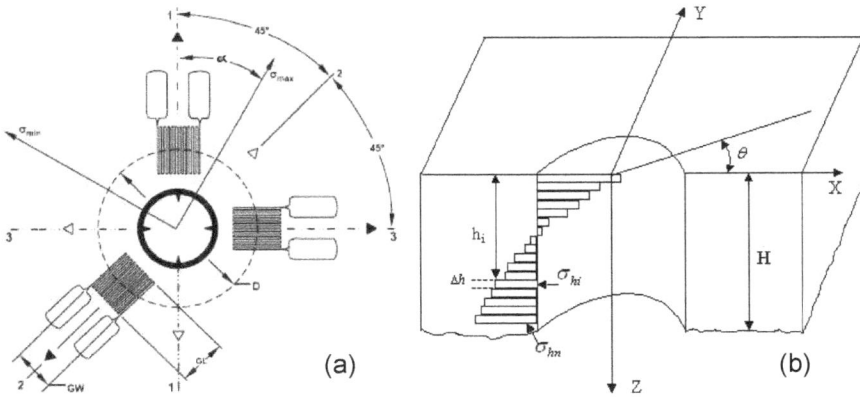

Fig.1.3-2. (a) Rosette des jauges [SAN06], (b) Redistribution des contraintes libérées [OLI06]

La technique est basée sur l'utilisation de jauges d'extensométrie. On colle une rosette de trois jauges (Fig.1.3-2a) sur la surface d'échantillon et l'on perce doucement un trou borgne à fond plat situé au centre de la rosette [TUR99]. Chaque fois, la profondeur totale du trou h_i est augmentée par l'incrément Δh_i, les contraintes libérées vont causer la redistribution des contraintes internes dans la zone perturbée. La géométrie du trou change, l'effet combiné induit une déformation surfacique à côté de trou [SAN06]. Même si il n'y a plus de contraintes résiduelles dans la partie incrémentale percée, la déformation existe, elle provient du changement de la zone qui soutient les contraintes libérées (Fig.1.3-2b). Après chaque enlèvement de matière, on peut relever tous les changements à partir des jauges collés autour du trou.

En faisant l'hypothèse que les contraintes libérées sont égales et opposées aux contraintes résiduelles contenues dans la partie avant l'enlèvement, on peut utiliser les déformations mesurées pour calculer les valeurs et les orientations des contraintes principales, en s'appuyant sur des formules semi-empiriques au-dessous [MEA88].

$$\sigma_{max} = \frac{\varepsilon_1 + \varepsilon_2}{4A} - \frac{\sqrt{2}}{4B} \sqrt{(\varepsilon_1 - \varepsilon_2)^2 + (\varepsilon_2 - \varepsilon_3)^2} \qquad (1.3\text{-}2)$$

$$\sigma_{min} = \frac{\varepsilon_1 + \varepsilon_2}{4A} + \frac{\sqrt{2}}{4B} \sqrt{(\varepsilon_1 - \varepsilon_2)^2 + (\varepsilon_2 - \varepsilon_3)^2} \qquad (1.3\text{-}3)$$

Où σ_{max} et σ_{min} sont respectivement les contraintes principales maximum (généralement en traction) et minimum (généralement en compression) présentes autour du trou avant le perçage. Les valeurs ε_1, ε_2, ε_3 sont respectivement les déformations mesurées par les jauges orientées radialement, où ε_1 et ε_3 sont dans les deux directions perpendiculaires l'une à l'autre, ε_2 est à l'angle de $45°$ par rapport aux axes des ε_1 et ε_3. A et B sont les paramètres de calibrage dont les valeurs sont déterminées par des essais particuliers à chaque profondeur du trou [DAL98].

Pour obtenir les directions des contraintes, α, l'angle entre la direction de contrainte résiduelle maximum et l'axe de la jauge 1, est calculée comme suit :

$$\tan \alpha = \frac{\varepsilon_1 - 2\varepsilon_2 - \varepsilon_3}{\varepsilon_3 - \varepsilon_1} \qquad (1.3\text{-}4)$$

Puis en utilisent les règles suivantes :

$\varepsilon_3 > \varepsilon_1$: α se réfère à σ_{max}

$\varepsilon_3 < \varepsilon_1$: α se réfère à σ_{min}

$\varepsilon_3 = \varepsilon_1$: α est égal à $\pm 45°$

$\varepsilon_2 < \varepsilon_1$: à +45°

$\varepsilon_2 > \varepsilon_1$: à −45°

Turnbull [TUR99] a indiqué qu'il faut étudier davantage la limite d'application de la méthode, parce que les résultats expérimentaux démontrent que la méthode donne des résultats corrects suivant la direction perpendiculaire à la direction d'écoulement, mais dans l'autre direction principale, parallèle à la direction d'écoulement, les contraintes résiduelles sont toujours en compression quelle que soit la profondeur de mesure, ce qui n'est pas vrai. La méthode ne convient peut-être pas dans le cas de gradient important de contraintes résiduelles pour les faibles épaisseurs, elle est donc mieux adaptée au cas des pièces épaisses.

Maxwell [MAX03] a utilisé une plaque trempée en Acrylonitrile-Butadiène-Styrène (ABS) contenant des contraintes résiduelles équi-biaxiales afin d'évaluer l'efficacité des méthodes du trou incrémental et de l'enlèvement de couches, les résultats de mesure sont montrés à la Fig.1.3-3. Les résultats issus de la méthode par enlèvement de couches sont presque identiques suivant les directions longitudinale et transversale. En revanche, les contraintes résiduelles déterminées par la méthode du trou incrémental suivant les deux directions sont significativement différentes.

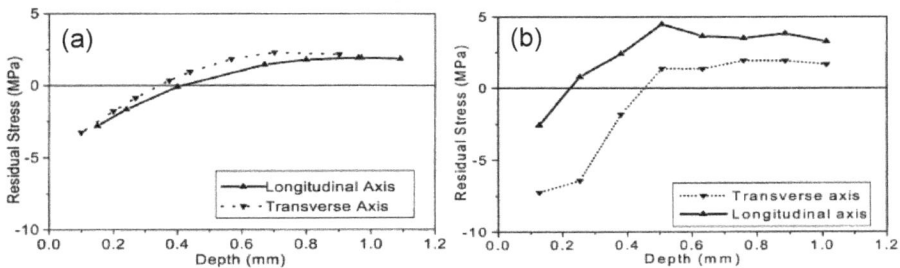

Fig.1.3-3. Comparaison des contraintes résiduelles
(a) méthode par enlèvement de couches (b) méthode du trou incrémental

Les jauges sont les outils pratiques pour mesurer des déformations surfaciques, mais les dimensions finies de ses éléments sensibles imposent certaines limites lors de leur application. En fait, le signal obtenu intègre toutes les déformations sous la surface de la jauge, les résultats sont exacts si le champ des contraintes résiduelles étudiées est uniforme dans le plan. Cependant,les déformations surfaciques des matériaux à proximité du trou ne sont pas uniformes, particulièrement à côté du bord de trou, où le gradient

27

des déformations est plus grand. La dimension de la rosette standard est deux à quatre fois plus grand que celle du trou, la zone couverte par la rosette est trop large par rapport au champ des déformations induit, il est donc difficile d'obtenir une mesure précise. De plus, les jauges sont très sensibles aux erreurs d'excentration du trou [PAR07]. La technique requiert donc un dispositif d'enlèvement de matière précis [SAN02], le trou doit être percé dans la direction verticale avec des pressions latérales ou frictions minimum [TUR99].

1.3.1.3. Fissuration dans des solvants (Solvent crazing method)

La technique ressemble à la méthode ASTM pour les produits en ABS [ASTM]. Les échantillons sont immergées dans le liquide chimique sous chargement (traction uniaxiale ou flexion quatre points) jusqu'à l'apparition de la fissuration [DAL98]. On répète les expériences en fonction de l'agressivité du liquide chimique et des niveaux de charges appliquées. Les courbes charges appliquées en fonction du temps de fissuration pour chaque combinaison polymère-environnement sont tracées. Les liquides agressifs sont sélectionnés selon la précision de mesure et la valeur prévisionnelle de contrainte à mesurer. Quand on expose une pièce polymère avec un niveau de contrainte donné dans le même environnement que celui de référence, le temps de fissuration va donner une valeur approchée du niveau de contrainte.

Par exemple, si un échantillon en PC chargé en flexion quatre points est exposé à un mélange de propanol et de toluene 3:1, et qu'on n'observe pas de fissuration en surface, nous pouvons déduire de la Fig.1.3-4 que les contraintes résiduelles surfaciques sont inférieures à 2.5 MPa [TUR99].

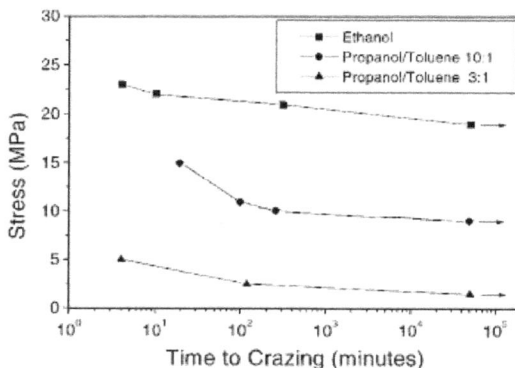

Fig.1.3-4. Courbes expérimentales en PC recuit [TUR99]

28

La technique est sensible aux défauts de surface des pièces, qui occasionnent des concentrations des contraintes résiduelles [DAL98]. Cette méthode est moins adaptée au cas des matériaux viscoélastiques, parce que la relaxation des contraintes fait diminuer le niveau de la charge mesurée, même si la charge nominale maintient une valeur constante. Comme l'exposition à long terme engendre le même problème, les données utilisables de cette technique sont relativement limitées dans le temps (30 jours) [TUR99].

1.3.2. Méthodes non Destructives

1.3.2.1. Diffraction des Rayons X

Les rayons X sont des radiations électromagnétiques utilisées pour caractériser les matériaux cristallins : analyse physicochimique, analyse de phases et détermination des contraintes résiduelles. Cette méthode non destructive traditionnelle s'appuie principalement sur les interactions entre les ondes électromagnétiques et l'échantillon. Pour expliquer la procédure de la diffraction des rayons X, on utilise le phénomène de diffraction généré par le réseau cristallin du métal.

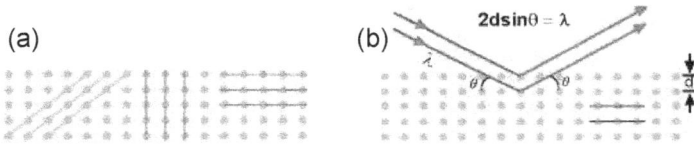

Fig.1.3-5. (a) Plans réticulaires (b) Loi de Bragg

Les atomes sont positionnés en réseau cubique, dans la majorité des matériaux métalliques, ils forment différentes familles des plans réticulaires (*hkl*), visualisés par les lignes sur la Fig.1.3-5a. La distance entre les plans d'une même famille (*hkl*) est donnée par la loi de Bragg dont le principe est montré (Fig.1.3-5b) :

$$2d_{hkl} \sin \theta_{hkl} = n\lambda \qquad (1.3\text{-}5)$$

Où λ est la longueur d'onde des rayons X, $n(=1)$ est un nombre entier représentent l'ordre de pic de diffraction, et θ_{hkl} dit l'angle de Bragg, qui correspond la position du pic [BEN01].

L'angle de Bragg reflète donc la distance entre cette famille de plans réticulaires (*hkl*) ainsi que leur orientation dans les corps cristallins. Quand l'échantillon est déformé, la distance entre des plans réticulaires change, et l'on peut mesurer cette déformation à partir de la position du pic de diffraction, en différentiant l'Eq.1.3-5 :

$$\Delta\theta_{hkl} = -\frac{\Delta d_{hkl}}{d_{hkl}}\tan\theta_{hkl}$$ (1.3-6)

Ensuite on peut exprimer la déformation de matériau dans la direction perpendiculaire aux plans (hkl), ε_{hkl}, en fonction de la variation de l'angle de Bragg :

$$\varepsilon_{hkl} = \frac{d_{hkl} - d_{khl}^0}{d_{khl}^0} = -\Delta\theta_{hkl}\cot\theta_{khl}^0$$ (1.3-7)

Où $d_{khl}{}^0$ est la valeur initiale (l'état sans déformation).

En utilisant l'Eq.1.3-7, il est possible de remonter à la valeur des contraintes, à partir de la loi de comportement du matériau. Pour obtenir toutes les informations de l'état de contraintes biaxiales dans la pièce, la méthode des $\sin^2\psi$ est souvent employée [MES03, HAU84, NIS00].

La méthode des $\sin^2\psi$ (Relation déformations-contraintes)

Afin de tenir compte de ce phénomène, pour passer des déformations mesurées par diffraction des rayons X aux contraintes macroscopiques dans les couches superficielles, on applique les relations déformation-contrainte de la mécanique des milieux continus [MAE90].

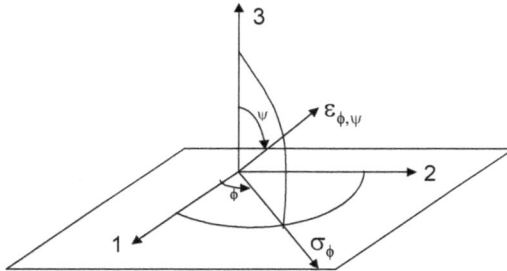

Fig.1.3-6. Système d'axes des déformations et des contraintes

Dans le repère défini à la Fig.1.3-6, nous pouvons ainsi exprimer la déformation suivant la direction de mesure :

$$\varepsilon_{\phi,\psi} = \varepsilon_{11}^\phi \sin^2\psi + \varepsilon_{13}^\phi \sin 2\psi + \varepsilon_{33}^\phi \cos\psi$$

Où ψ définie l'orientation des plans (hkl) par rapport à la surface, soit l'angle entre la normale à la surface et la normale aux plans cristallins.

En considérant le matériau homogène et isotrope, dans le domaine élastique, l'expression de la loi de Hooke est :

$$\varepsilon_{ij}^{\phi} = (\frac{1+\nu}{E})\sigma_{ij}^{\phi} - \frac{\nu}{E}\delta_{ij}(tr\sigma^{\phi})$$

D'où la relation générale reliant la déformation mesurée aux contraintes est :

$$\varepsilon_{\phi,\psi} = S_1(\sigma_{11}^{\phi} + \sigma_{22}^{\phi} + \sigma_{33}^{\phi}) + \frac{1}{2}S_2\left[(\sigma_{11}^{\phi} - \sigma_{33}^{\phi})\sin^2\psi + \sigma_{13}^{\phi}\sin 2\psi + \sigma_{33}^{\phi}\right] \quad (1.3\text{-}8)$$

avec $S_1 = -\frac{\nu}{E}$, $\frac{1}{2}S_2 = \left(\frac{1+\nu}{E}\right)$, où ν et E sont respectivement le coefficient de Poisson et le module d'élasticité macroscopiques.

L'application de la relation 1.3-8 au cas étudié nécessite dans un premier temps que les hypothèses suivantes soient respectées :

- le matériau polycristallin est monophasé,
- les cristallites diffractant doivent être de taille suffisamment petite et sans orientation préférentielle, pour que le matériau soit considéré comme isotrope,
- l'état de contrainte et de déformation est homogène dans le volume irradié par les rayons X.

En ce cas, si le tenseur des contraintes dans la zone irradiée est biaxial (σ_{i3} = 0), l'équation (1.3-8) devient :

$$\varepsilon_{\phi,\psi} = \frac{1}{2}S_2\sigma_{11}^{\phi}\sin^2\psi + S_1(\sigma_{11}^{\phi} + \sigma_{22}^{\phi}) \quad (1.3\text{-}9)$$

Cette relation linéaire entre la déformation mesurée $\varepsilon_{\phi,\psi}$ et $\sin^2\psi$ est connue sous le nom de « droite des $\sin^2\psi$ ». L'ajustement affine de $\varepsilon_{\phi,\psi}$ en $\sin^2\psi$ par la méthode des moindres carrés permet de séparer les valeurs de σ_{11}^{ϕ} et σ_{22}^{ϕ}.

L'utilisation de cette méthode dans le cas des polymères est limitée par la morphologie des matériaux. Les thermoplastiques semi-cristallins peuvent être considérés comme l'assemblage de différents plans réticulaires, ils ont une structure qui ressemble à celle des métaux, mais leurs cristallites sont à l'échelle nanométrique et ils n'ont pas de structure cristalline aussi bien organisée, en raison de l'asymétrie des liaisons entre mailles cristallines [XRDCH]. La figure suivante (Fig.1.3-7) montre la structure cristalline d'un Poly Ethylène Oxyde (PEO) [KRISH]. Evidemment, ils sont reliés par des liaisons covalentes dans la direction suivant la chaîne moléculaire, et par des interactions de Van der Waals dans la direction perpendiculaire, qui sont plus sensibles à la température et la déformation [XRDCH]. Si l'on définit la distance réticulaire comme la distance entre des chaînes moléculaires, ses changements permettent aussi de déterminer la déformation globale des matériaux [HAU87, HAU99]. Dans les essais, on utilise généralement l'essai de transmission, compte tenu de la plus faible absorption atomique [XRDCH].

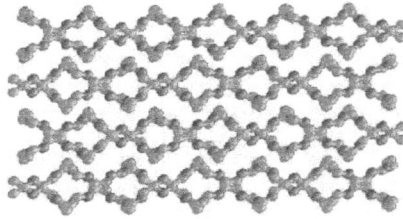

Fig.1.3-7. Structure cristalline de PEO, vue perpendiculaire à l'axe de chaîne

Pour les polymères amorphes, comme il n'y a pas la structure cristalline, il faut insérer des implants métalliques, par exemple une fine plaque d'aluminium, de cuivre ou d'argent, servant de traceurs dans les matériaux pour créer la phase cristalline, puis mesurer leurs déformations imposées par les contraintes résiduelles des polymères [BEN01, BEN04]. La déformation mesurée peut ensuite se rattacher aux contraintes résiduelles de la matrice du polymère via la loi de Hooke et le « tenseur de transmission des contraintes » [PAR07]. Mais les traceurs ne doivent pas affecter l'état des contraintes dans l'échantillon à cause de la possibilité d'une concentration des contraintes.

Les rayons X ne peuvent pas pénétrer à des grandes profondeurs (10 µm dans les aciers), les résultats obtenus correspondent aux contraintes résiduelles surfaciques, ou les contraintes moyennes dans toute l'épaisseur en utilisant une éprouvette mince (environ 0.3 ~ 0.5 mm) dans le cas des polymères [PAR07].

1.3.2.2. Spectre Raman

Dans la théorie des quanta, la variation d'énergie des molécules peut se produire par transition entre les différents niveaux vibratoires des molécules. La dispersion est une procédure d'échange d'énergie entre la lumière incidente ($E = h\nu = hc/\lambda$) et la vibration de la molécule qui conduit à la dispersion Rayleigh (manière élastique) ou Raman lorsqu'elle se fait d'une manière inélastique, avec une énergie différente (Fig.1.3-8).

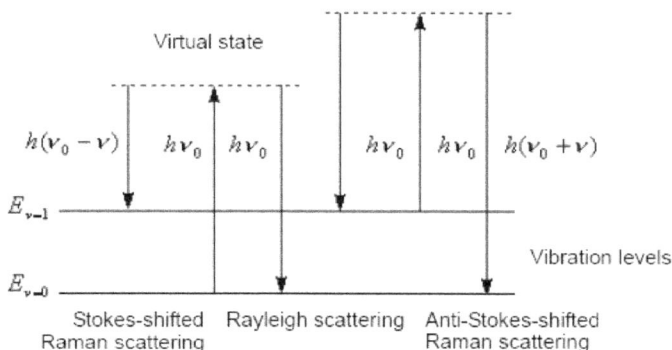

Fig.1.3-8. Niveaux vibratoires lors de la dispersion [RAMAN]

La différence d'énergie de la molécule entre les niveaux vibratoires initiaux et finaux, qui se dissipera sous forme de chaleur, ou le décalage du pic Raman en nombres d'onde (cm^{-1}), $\bar{\nu}$, est égale à la différence d'énergie entre le photon d'incident et le photon Raman. Il peut s'exprimer par :

$$\bar{\nu} = \frac{1}{\lambda_{incident}} - \frac{1}{\lambda_{dispersé}}$$

(1.3-10)

où $\lambda_{incident}$ et $\lambda_{dispersé}$ sont les longueurs d'onde (en cm) des photons d'incident et Raman.

Le spectre de Raman est un spectre lié à la molécule, il donc peut donner les informations sur la microstructure des matériaux, et aussi sur des changements dans les réseaux cristallins. La position du pic Raman change en fonction des déformations de l'échantillon.

Tashiro [TAS03] a étudié les changements structuraux lors de la polymérisation photo induite des muconates de diéthyle monocristal (EMU). La figure 1.3-9 traduit au fur et à mesure de la réaction, le décalage de la bande ν(C-C) à 1010 cm^{-1} d'environ 2 cm^{-1} vers la fréquence plus haute, ce qui indique que les chaînes de polymère tendues qui sont générées au début de la réaction se relaxent pendant la réaction.

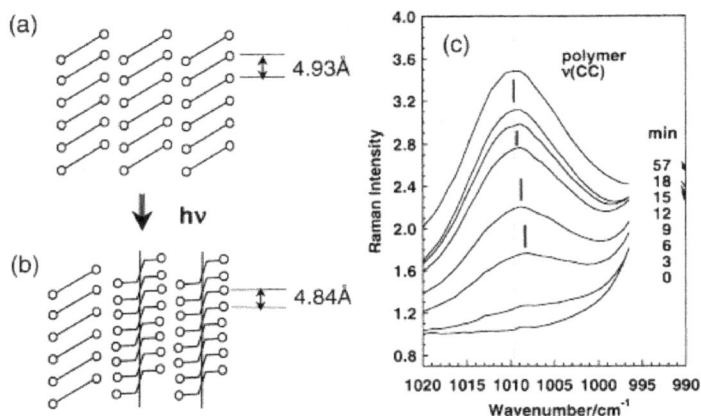

Fig.1.3-9. Schématisation du processus de la polymérisation des EMUs (a) cristaux monomériques (b) formation des domaines cristallins (c) dépendance du temps du spectre de Raman de la bande ν(C-C) [TAS03]

Taylor [TAY03] a étudié les changements des déformations résiduelles dans les films minces de carbone déposés sur des fibres optiques, en mesurant les décalages du pic du graphite (G-pic) à 1580 cm^{-1}. Les résultats de la figure 1.3-10 montrent que la position du G-pic décroît linéairement en fonction des déformations tangentielles ou axiales.

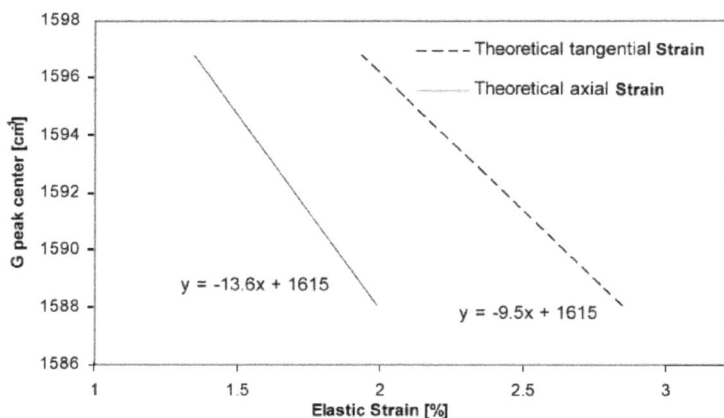

Fig.1.3-10. Décalage du G-pic en fonction des déformations résiduelles théoriques [TAY03]

Comme cette méthode requiert seulement une courbe de calibrage, reliant la déformation dans les matériaux directement avec le décalage de la position du pic Raman (caractérisé par la fréquence ou le nombre d'onde) dans le spectre de Raman [PAR07], elle est donc facile à utiliser. En contrôlant le diamètre de spot laser qui excite le spectre de Raman, les déformations résiduelles peuvent se mesurer avec une résolution de 1 ~ 2 µm. Cette technique peut donc fonctionner directement pour cartographier la distribution des déformations de l'échantillon en fonction de la position dans la zone intéressée, sans limite de la forme de l'échantillon.

1.3.2.3. Photoélasticité

D'autres méthodes non destructives utilisent le phénomène d'interférence pour visualiser la répartition des contraintes ou des déformations suivant les directions correspondant aux contraintes principales dans la pièce. La photoélasticité utilise celui de la biréfringence (double réfraction).

L'onde lumineuse est une onde électromagnétique vibrant transversalement à sa direction de propagation. La vitesse de propagation de l'onde est inversement proportionnelle à l'indice de réfraction du milieu qu'elle traverse [PHO06]. Un faisceau lumineux quelconque est composé d'ondes transversales vibrant dans toutes les directions. Il est possible d'obtenir une onde lumineuse plane polarisée en utilisant un filtre Polaroïd. Celui-ci ne laisse passer que la composante de l'onde lumineuse qui vibre suivant l'axe du polaroïd (Fig.1.3-11).

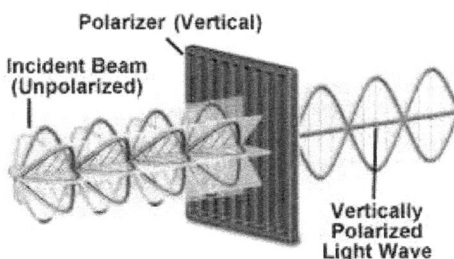

Fig.1.3-11. Lumière plan polarisée obtenue avec un filtre Polaroïd

Certains polymères transparents sont des matériaux biréfringents, qui deviennent optiquement anisotropes lorsqu'ils sont soumis à un état de contrainte. Dans ce cas, les indices de réfraction varient en fonction de la direction. Les directions des axes principaux de biréfringence, pour lesquels l'indice de réfraction est maximal ou minimal, sont les mêmes que celles des contraintes principales, et la valeur des indices est proportionnelle à l'intensité des contraintes principales [WIM95].

Afin de déterminer quantitativement la biréfringence d'un matériau sous contrainte, on utilise un montage optique appelé polariscope (Fig.1.3-12). Dans un polariscope plan, le modèle est placé entre deux polaroïds croisés (i.e. dont les axes de polarisation sont orthogonaux) appelés polariseur et analyseur respectivement, au travers desquels on fait passer une onde lumineuse.

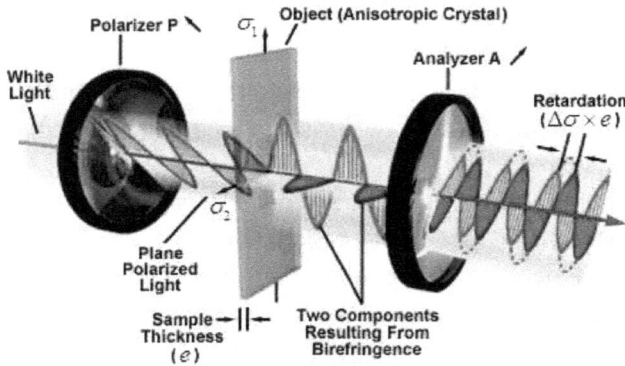

Fig.1.3-12. Polariscope plan

En présence d'un état de contrainte, l'onde lumineuse plane polarisée issue du polariseur se décompose suivant les directions 1 et 2 des contraintes principales, après avoir traversé la pièce plane. Ces deux composantes sont déphasées temporellement. Le décalage de phase, δ, est proportionnel à la différence des contraintes principales $(\sigma_1 - \sigma_2)$ et à l'épaisseur de l'échantillon e traversée par l'onde (loi de Brewster [WIM95]), comme dans l'équation :

$$\delta = \frac{2\pi}{\lambda} C(\sigma_1 - \sigma_2) e \qquad (1.3\text{-}11)$$

Où C est appelée la constante photoélastique du matériau s'exprimant en Brewster = 10^{-12} Pa^{-1}, et $C(\sigma_1 - \sigma_2)e$ est la différence de chemin optique.

Après avoir traversé l'analyseur, les deux composantes déphasées sont dans le même plan avec une même amplitude et peuvent interférer entre elles. L'intensité de la lumière obéit à l'équation suivante :

$$I = A^2 \sin^2(2\alpha) \times \sin^2\left[\frac{\pi C e}{\lambda}(\sigma_1 - \sigma_2)\right] \qquad (1.3\text{-}12)$$

Où I : intensité de la lumière

A : constante

λ : longueur d'onde

α : angle entre les axes des polaroïds et les directions des contraintes principales.

Selon l'équation 1.3-12, deux conditions peuvent causer l'extinction (I = 0) du faisceau lumineux traversant le modèle en un point donné :

Lorsque $\sin 2\alpha$ = 0 (i.e. α = 0° ou 90°), quand l'orientation des contraintes principales est la même que celle des axes des polaroïds croisés. Une frange noire appelée « frange isocline » passera par tous les points de l'échantillon ayant cette même orientation de contraintes principales.

Lorsque $\sin[\pi C e(\sigma_1\text{-}\sigma_2)/\lambda]$ = 0, soit la différence de chemin optique entre les deux composantes issues de l'analyseur est un multiple entier de la longueur d'onde :

$$Ce(\sigma_1 - \sigma_2) = n\lambda \quad (n = 0, 1, 2, \ldots\ldots \text{ nombre entier}) \qquad (1.3\text{-}13)$$

Tous les points du modèle ayant la même différence de contraintes principales produiront le même effet. La ligne d'extinction ainsi obtenue est appelée « frange isochrome » et sera noire si la source lumineuse est monochromatique ou bien colorée si la lumière est blanche. n s'appelle l'ordre de la frange. La figure 1.3-13 présente l'échelle des couleurs pour les isochromes colorés, la frange 0 est noire, puis le passage du rouge au bleu correspond à la frange 1, et le passage du rouge au vert correspond à la frange 2.

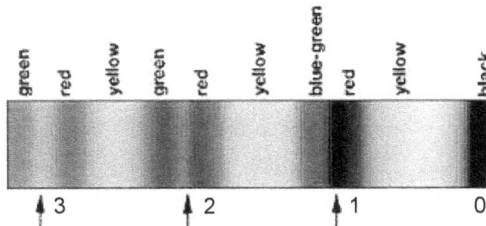

Fig.1.3-13. Echelle des couleurs pour les isochromes colorés

Une frange isochrome est donc le lieu des points de même contrainte de cisaillement maximum, ou différence des contraintes principales, et elle est obtenue lorsque :

$$\tau_{max} = \frac{1}{2}(\sigma_1 - \sigma_2) = \frac{\lambda}{2Ce}n \qquad (1.3\text{-}14)$$

Lorsqu'un échantillon est chargé, les isoclines et isochromes se produisent simultanément. D'un point de vue pratique, on utilise le polariscope circulaire pour éliminer les isoclines, qui gênent l'observation des isochromes.

Pour connaître l'ordre fractionnaire de la frange, le polariscope circulaire permet de faire l'interpolation angulaire des isochromes aux points analysés où il ne passe pas une isochrome d'ordre entier ou demi-entier. En tournant seulement l'analyseur d'un angle θ, l'isochrome originale d'ordre N occupera un point inconnu. On peut calculer la valeur d'ordre fractionnaire N' correspondant à ce point, selon qu'une frange inférieure ou supérieure se rapproche de ce point à l'aide des équations 1.3-15.

$$N' = N_{inf} + |\theta|/180° \qquad (1.3\text{-}15a)$$

$$N' = N_{sup} - |\theta|/180° \qquad (1.3\text{-}15b)$$

La méthode présentée ici est la photoélasticité bidimensionnelle, qui permet seulement la détermination des contraintes planes à condition qu'elles soient homogènes dans l'épaisseur, sinon les résultats correspondent à la moyenne dans l'épaisseur. Wimberger-Friedl [WIM95] a indiqué pour les polymères amorphes injectés que ce moyen etait plus sensible aux contraintes d'écoulement, à cause son principe de mesure de biréfringence.

La photoélasticité est une technique optique pour l'analyse de contraintes statiques. Il est nécessaire que le matériau soit transparent et biréfringent, la méthode convient seulement à certains thermoplastiques amorphes. Pour l'étude d'une pièce non transparente, on fabrique un modèle photoélastique, de géométrie similaire à la pièce à étudier. Sous le même mode de chargement, la répartition des contraintes élastiques dans le modèle photoélastique sera proportionnelle à celle de la pièce réelle.

1.3.3. Conclusion partielle

Le bilan des méthodes présentées précédemment, permet d'obtenir les conclusions suivantes :

Les méthodes destructives nécessitent généralement trop de temps et entraînent la perte des échantillons, ce qui ne permet pas leur application dans un contexte industriel.

Les méthodes non destructives précédentes ont besoin d'équipements coûteux et lourds, et sont limitées par les propriétés physiques des matériaux polymères, ce qui les rend également inefficaces dans un contexte industriel.

Depuis une dizaine d'années, des recherches ont été menées dans le cas des matériaux métalliques, sur les méthodes ultrasonores de détermination de contraintes, qui reposent sur l'effet acoustoélastique (AE) décrit par Hughes et Kelly en 1953 [HUG53]. Cette méthode est actuellement appliquée au cas des roues de matériel ferroviaire, de la précharge [CHA07] dans le cas du serrage, et pourrait bientôt être utilisée pour l'évaluation des contraintes de soudage [BOU05, QOZ08].

1.4. Méthode Ultrasonore

Les propriétés des ondes ultrasonores, par exemple l'atténuation [MAG06, LER05] ou le changement de la phase [MEE89, SOL04], sont des paramètres utilisés par les chercheurs, dans le domaine de l'imagerie ultrasonore [TAK09]. La vitesse de propagation est utilisée pour caractériser la microstructure des matériaux, ou l'accumulation d'endommagement pendant le processus de sollicitation [KOB98, SOL04]. Certains l'utilisent également pour caractériser l'orientation structurale des matériaux [VER79, HEB06]. Umbach et al. [UMB07] ont déposé une demande de brevet européen pour leur invention : « Système et méthode de mesure de la vitesse de l'onde Lcr (Longitudinal critically refracted wave) pour déterminer l'orientation cristallographique des matériaux métalliques ».

1.4.1. Les différents types d'ondes

Il y a plusieurs types d'ondes élastiques : les ondes de volume, les ondes de surface, les ondes guidées et les ondes sub-surfaciques.

1.4.1.1. Les ondes de volume

Elles comprennent les ondes longitudinales et les ondes transversales.

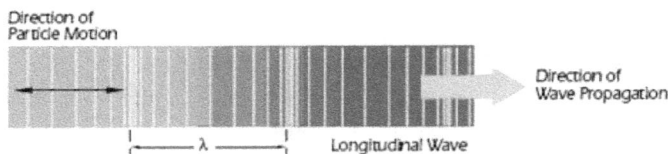
Fig.1.4-1. Onde longitudinale [NDT06]

Les ondes longitudinales induisent une déformation de traction-compression dans le milieu, elles peuvent se propager dans les solides, liquides et gaz.

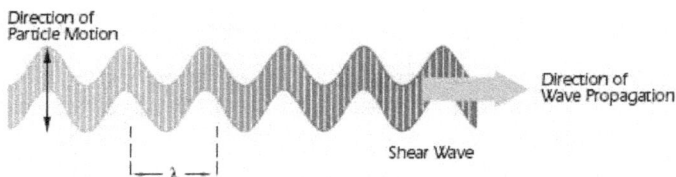
Fig.1.4-2. Onde transversale [NDT06]

Les ondes transversales induisent un cisaillement dans le milieu, elles peuvent se propager seulement dans les solides et les liquides visqueux.

1.4.1.2. Les ondes guidées

Les ondes de Lamb peuvent être considérées comme la combinaison de 2 ondes longitudinales et de 2 ondes transversales, il existe deux modes de vibration : symétrique et antisymétrique. Elles existent seulement quand l'épaisseur du matériau est équivalente à leur longueur d'onde et leur vitesse est fonction de l'épaisseur et de la fréquence.

1.4.1.3. Les ondes de surface

Les ondes de surface (Surface Acoustic Wave, SAW), appelées ondes de Rayleigh ont un vecteur déplacement constitué de deux composantes, longitudinale et transversale déphasées de $\pi/2$. Elles s'évanouissent si la profondeur est supérieure à deux fois leur longueur d'onde.

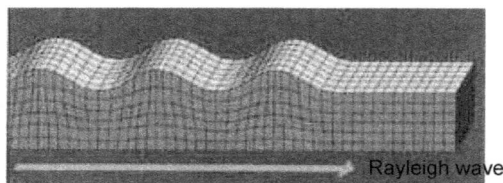
Fig.1.4-3. Ondes de Rayleigh dans un solide isotrope : déplacement des particules [NDT06]

40

1.4.1.4. Les ondes sub-surfaciques

Il est possible de générer des ondes longitudinales qui se propagent au voisinage de la surface du matériau. Il y a deux catégories d'ondes longitudinales réfractées [BRA00] en mode critique :

- L'onde LSCW (Longitudinal Surface Creeping Wave) qui s'évanouit rapidement après quelques centimètres de propagation.
- L'onde SSLW (SubSurface Longitudinal Wave) : Elle est appelée aussi l'onde longitudinale réfractée à l'angle critique (Lcr). Ces ondes peuvent se propager sur des longues distances, juste sous la surface, sur plus de 300 millimètres (12 inches) dans les aciers en conservant une amplitude suffisante.

Basatskaya et Ermolov [BAS81] ont établi les lois de distribution du champ acoustique de l'onde Lcr en calculant les composantes de déplacement de l'onde longitudinale réfractée dans le solide. Ils ont représenté la distribution de l'amplitude du déplacement (Fig.1.4-4) suivant différents angles dans le cas d'une interface eau/acier.

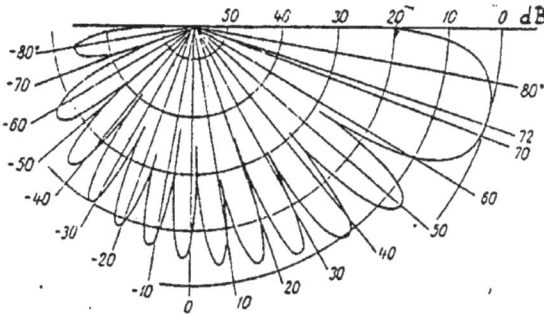

Fig.1.4-4. Distribution de l'amplitude de l'onde Lcr dans l'acier [BAS81]

1.4.2. La loi de Snell-Descartes

Le phénomène de biréfringence de l'onde acoustique comparable à celui observé pour la lumière polarisée a été découvert en 1958 par Bergman et Shahender [BER58].

Le passage d'une onde incidente à travers un interface entre deux milieux est régi par la loi de Snell-Descartes définie par la relation 1.4-1 :

$$\frac{\sin(\theta)}{V_{L1}} = \frac{\sin(\beta)}{V_{T2}} = \frac{\sin(\gamma)}{V_{L2}}$$

(1.4-1)

Comme le montre Fig.1.4-5, les index 1 et 2 indiquent respectivement les différents milieux de propagation, θ est l'angle d'incidence de l'onde. γ et β sont les angles réfractés des ondes longitudinale et transversale. V_L et V_T sont respectivement les vitesses de propagation des ondes L et T.

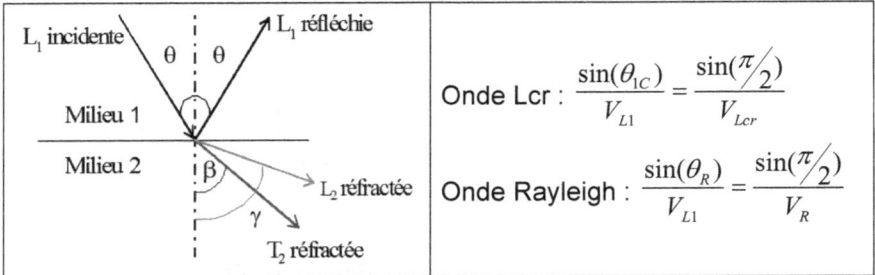

Onde Lcr : $\dfrac{\sin(\theta_{1C})}{V_{L1}} = \dfrac{\sin(\pi/2)}{V_{Lcr}}$

Onde Rayleigh : $\dfrac{\sin(\theta_R)}{V_{L1}} = \dfrac{\sin(\pi/2)}{V_R}$

Fig.1.4-5. Réflexion – Transmission en incidence oblique

Le premier angle critique θ_{1C} est utilisé pour générer le mode Lcr, θ_R est l'angle de déclenchement du mode Rayleigh, il se situe au dessus du deuxième angle critique θ_{2C}.

1.4.3. L'effet acoustoélastique

L'évaluation des contraintes résiduelles dans des matériaux par méthode ultrasonore, repose sur l'effet acoustoélastique du matériau, qui relie directement la vitesse de propagation des ondes ultrasonores avec l'état de déformation élastique du milieu où elles se propagent.

1.4.3.1. Théorie de l'acoustoélasticité

Le formalisme qui permet d'expliquer cet effet est basé sur la théorie développée par Murnaghan [MUR51] sur les déformations finies dans les solides élastiques. En plus des deux constantes élastiques classiques du 2nd ordre (λ, μ), cette théorie fait intervenir trois autres constantes du 3ème ordre l, m, n, appelées constantes de Murnaghan, dans la fonction d'énergie de déformation, qui conduisent à une relation non linéaire de la loi de comportement d'un matériau isotrope.

Hughes et Kelly [HUG53] ont utilisé la théorie de Murnaghan afin de résoudre l'équation d'onde plane qui se propage dans un milieu initialement isotrope et déformé. Ils ont exprimé les solutions donnant les vitesses de propagation des ondes comme les expressions suivantes :

$$\rho_0 V_{11}^2 = \lambda + 2\mu + (2l + \lambda)\theta + (4m + 4\lambda + 10\mu)\alpha_1$$

42

$$\rho_0 V_{12}^2 = \textcolor{gray}{\mu} + (\lambda + m)\theta + 4\mu\alpha_1 + 2\mu\alpha_2 - \frac{1}{2}n\alpha_3$$

$$\rho_0 V_{13}^2 = \textcolor{gray}{\mu} + (\lambda + m)\theta + 4\mu\alpha_1 + 2\mu\alpha_3 - \frac{1}{2}n\alpha_2 \tag{1.4-2}$$

Où ρ_0 est la masse volumique à l'état non contraint du matériau.

(α_1, α_2, α_3) les déformations principales et $\theta = \alpha_1 + \alpha_2 + \alpha_3$.

V_{1j} (j =1, 2, 3) est la vitesse de propagation d'une onde se propageant suivant x_1 et polarisée suivant x_j.

On retrouve dans la première partie (en gris) des expressions 1.4-2 la solution pour l'état non déformé, et la seconde partie (en noir) traduit l'influence de l'état de déformation du milieu, soit l'effet acoustoélastique.

Dans le cas d'une sollicitation uniaxiale, par exemple suivant la direction x_1, le champ de déformation a pour composantes :

$$\alpha_1 = \varepsilon, \ \alpha_2 = \alpha_3 = -\nu\varepsilon \tag{1.4-3}$$

avec ν le coefficient de Poisson.

L'effet acoustoélastique conduit à définir cinq vitesses caractéristiques des ondes ultrasonores. D'après Eqs. 1.4-2, on obtient directement les relations suivantes :

$$\rho_0 V_{11}^2 = \lambda + 2\mu + \left[4(\lambda + 2\mu) + 2(\lambda + 2m) + \nu\mu(1 + 2l/\lambda)\right]\varepsilon$$

$$\rho_0 V_{22}^2 = \rho_0 V_{33}^2 = \lambda + 2\mu + \left[2l(1 - 2\nu) - 4\nu(m + \lambda + 2\mu)\right]\varepsilon$$

$$\rho_0 V_{12}^2 = \rho_0 V_{13}^2 = \mu + \left[4\mu + \nu(n/2) + m(1 - 2\nu)\right]\varepsilon$$

$$\rho_0 V_{21}^2 = \rho_0 V_{31}^2 = \mu + \left[(\lambda + 2\mu + m)(1 - 2\nu) + \frac{1}{2}n\nu\right]\varepsilon$$

$$\rho_0 V_{23}^2 = \rho_0 V_{32}^2 = \mu + \left[(\lambda + m)(1 - 2\nu) - 6\nu\mu - \frac{1}{2}n\right]\varepsilon \tag{1.4-4}$$

A partir de ces équations, Egle [EGL76] a montré que l'on pouvait exprimer les variations relatives de vitesse linéairement en fonction de la déformation afin d'en déduire les coefficients acoustoélastiques, V_{ij}^0 correspond au cas de l'état non déformé :

$$\frac{dV_{11}/V_{11}^0}{d\varepsilon} = 2 + \frac{\mu + 2m + \nu\mu(1 + 2l/\lambda)}{\lambda + 2\mu}$$

$$\frac{dV_{12}/V_{12}^0}{d\varepsilon} = 2 + \frac{\nu n}{4\mu} + \frac{m}{2(\lambda + \mu)}$$

$$\frac{dV_{22}/V_{22}^0}{d\varepsilon} = -2\nu\left(1 + \frac{m - \mu l/\lambda}{\lambda + 2\mu}\right)$$

$$\frac{dV_{21}/V_{21}^0}{d\varepsilon} = \frac{\lambda + 2\mu + m}{2(\lambda + \mu)} + \frac{\nu n}{4\mu}$$

$$\frac{dV_{23}/V_{23}^0}{d\varepsilon} = \frac{m - 2\lambda}{2(\lambda + \mu)} - \frac{n}{4\mu} \tag{1.4-5}$$

$$A_{ij} = \frac{dV_{ij}/V_{ij}^0}{d\varepsilon} \tag{1.4-6}$$

Les coefficients A_{ij} sont les constantes acoustoélastiques des différents modes longitudinaux et transversaux, elles s'expriment en fonction des constantes du $2^{\text{ème}}$ et du $3^{\text{ème}}$ ordre, $A_{ij} = f(\lambda,\ \mu,\ l,\ m,\ n,\ \nu)$. Dans le cas des solides isotropes, l'on a : A_{11}, $A_{22} = A_{33}$, $A_{12} = A_{13}$, $A_{21} = A_{31}$, $A_{23} = A_{32}$.

1.4.3.2. Détermination des coefficients acoustoélastiques

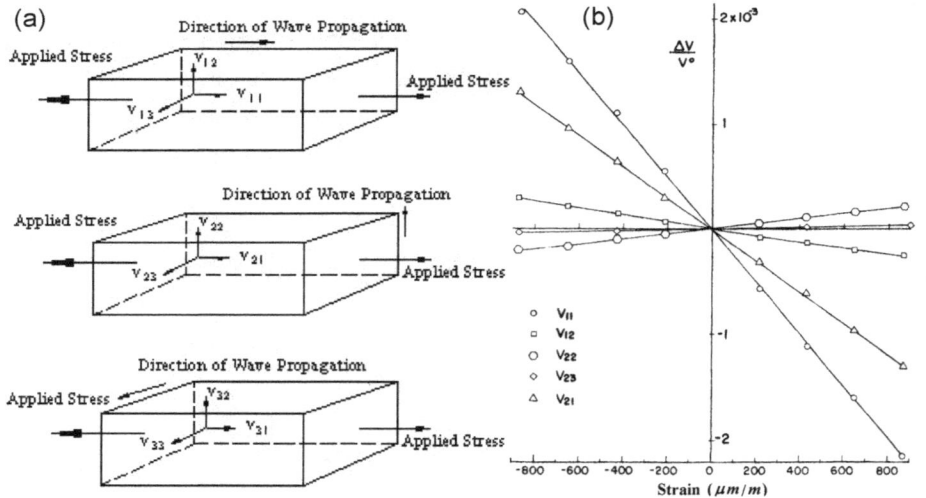

Fig.1.4-6. a) vitesses de propagation V_{ij} b) calibrage acoustoélastique [EGL76]

La description des vitesses de propagation V_{ij} est présenté à la figure 1.4-6a, le solide est sollicité par un effort uniaxial dans la direction 1. Egle [EGL76] a décrit le calibrage acoustoélastique pour les différents modes, longitudinal et transversal dans le cas d'un acier à rail 115 LB (Fig.1.4-6b). Les coefficients acoustoélastiques, A_{ij}, sont obtenus à partir d'un chargement en traction dans le domaine élastique du matériau, en traçant la variation

44

relative de vitesse (dV_{ij}/V_{ij}^0) du mode étudié en fonction de la déformation.

Leurs travaux ont montré que le mode le plus sensible à l'effet acoustoélastique est le mode V_{11}, soit l'onde longitudinale se propageant suivant la direction de l'effort appliqué, vient ensuite le mode transversal V_{21} pour lequel les atomes vibrent dans la direction de la charge. Les autres modes ne montrent pas une grande sensibilité à l'effet acoustoélastique dans le cas des aciers.

1.4.4. La détermination des contraintes par méthode US

Pour l'utilisation d'évaluation des contraintes, l'on utilise souvent des coefficients acoustoélastiques K_{ij}, qui permettent de relier directement la variation relative de vitesse du mode étudié aux contraintes du matériau :

$$dV_{ij}/V_{ij}^0 = K_{ij}d\sigma \qquad (1.4\text{-}7)$$

avec $K_{ij} = A_{ij}/E$, E est le module Young.

Dès les années 1970, on voit apparaître les premiers résultats concernant la caractérisation des contraintes appliquées aux matériaux métalliques par méthode ultrasonore. Bourse [BOU08] a effectué une synthèse bibliographique retraçant le déroulement des principaux travaux.

Noroha [NOR73] fait état en 1973 de l'utilisation d'un capteur à onde de Rayleigh pour caractériser les contraintes dans un alliage d'aluminium 2414-T6. Egle et Bray [EGL76] préconisent également l'utilisation d'un capteur monobloc (émetteur/récepteur séparés) générant une onde Lcr pour le calibrage acoustoélastique du mode longitudinal (A_{11}). Le choix s'est porté sur l'utilisation des ondes de Rayleigh et des ondes Lcr afin de limiter la mesure dans une zone proche de la surface du matériau. Leur capteurs imposent un trajet fixe entre l'émetteur et le récepteur, et les angles sont réalisés en utilisant la loi de Snell-Descartes. Le principe de ces deux capteurs est montré à la figure 1.4-7.

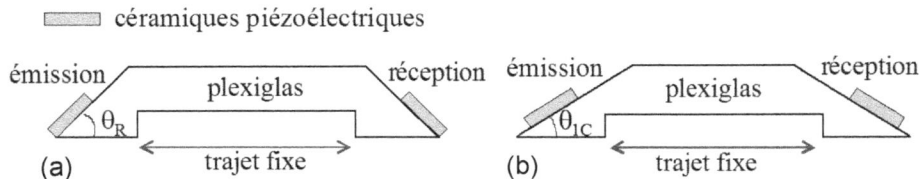

Fig.1.4-7. Principe des capteurs a) l'onde Rayleigh b) l'onde Lcr

Crecraft [CRE76] a déterminé les constantes de troisième ordre dans le cas de l'aluminium et de l'acier, il a évalué les contraintes résiduelles dans une barre sollicitée en flexion et sur un anneau soumis à un effort de torsion.

En ce qui concerne la mesure de la vitesse, différentes techniques sont apparues, Heyman [HEY82], a utilisé la phase pour évaluer l'effort axial dans les boulons et Clark [CLA87] la technique de passage à zéro du signal pour évaluer les contraintes résiduelles générées par le soudage dans les plaques soudées en Aluminium et acier. Thompson et al [THO86] ont développé une technique pour mesurer la texture et les contraintes par ultrasons en utilisant la phase et la transformée de Fourier.

Tanala [TAN93, 95] a effectué une étude avec réalisation de transducteurs de forme adaptée au profil cylindrique pour une application sur tubes. Il a réalisé des capteurs monoblocs générant des ondes Lcr et des ondes de Rayleigh afin de déterminer des profils de contraintes résiduelles sur tubes soudés en acier. Ces travaux ont eu des applications dans l'industrie nucléaire. Il a également étudié le cas de tôles soudées en alliage d'aluminium, qui présentent un comportement légèrement anisotrope qui nécessite d'effectuer un double calibrage AE suivant le sens de laminage (RD) et le sens travers (TD).

$$\frac{dv_{11}}{v_{11}^0} = (B_{11})_{SL}\,\sigma_L + (B_{22})_{SL}\,\sigma_T$$

$$\frac{dv_{13}}{v_{13}^0} = (B_{13})_{SL}\,\sigma_L + (B_{23})_{SL}\,\sigma_T$$

(1.4-8)

Les résultats sont comparés à ceux obtenus par la méthode de diffraction des Rayons X (Fig.1.4-8).

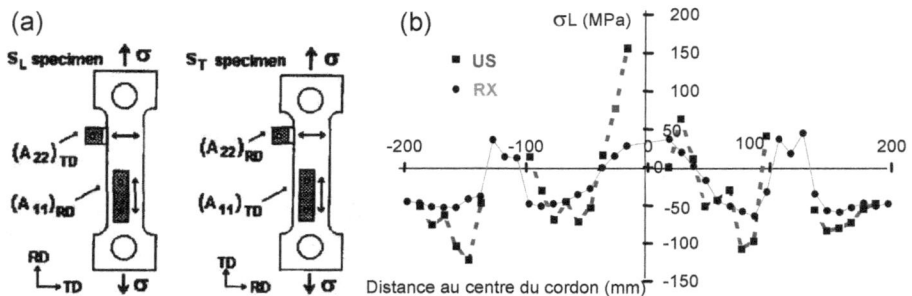

Fig.1.4-8. a) échantillons de calibrage b) Comparaison des résultats [TAN95]

Abdallahoui [ABD97] a analysé l'évaluation des contraintes résiduelles dans les assemblages soudés par méthode ultrasonore en prenant en compte l'effet de la microstructure.

Duquennoy [DUQ97, DUQ99] a réalisé une étude sur l'évaluation des contraintes induites lors du laminage de tôles de forte épaisseur en alliage léger (alliage Al-Cu-Mg 2216 T6) utilisées pour la réalisation d'ailes d'avion. L'auteur utilise la propagation d'ondes de Rayleigh dans les deux plans perpendiculaires au plan de laminage, pour déterminer l'état de contraintes planes (σ_1, σ_2) non homogènes dans l'épaisseur.

Tang et Bray [TAN96] ont utilisé la technique des ondes Lcr pour déterminer les contraintes résiduelles dans un disque de turbine à vapeur. Bray a également montré [BRA99] que l'utilisation des ondes Lcr permettait d'avoir des indications sur les gradients de contrainte. Il présente [BRA01] l'effet des contraintes sur la vitesse de l'onde Lcr pour deux fréquences, 2.25 et 5 MHz dans le cas d'une barre sollicitée en flexion quatre points. La figure 1.4-9 montre que les variations de vitesses sont plus importantes lorsqu'il utilise la fréquence de 5 MHz, ce qui permet d'envisager d'utiliser la fréquence afin de mesurer à différentes profondeurs.

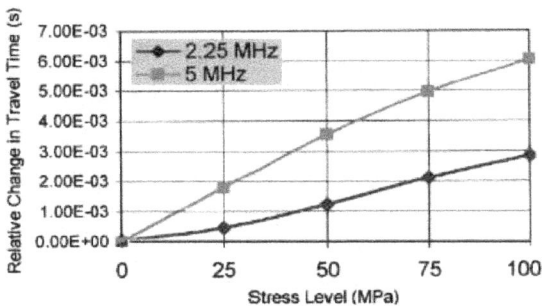

Fig.1.4-9. Comparaison de l'effet AE à deux fréquences différentes

Belahcene [BEL00] s'est intéressé à la pénétration de l'onde Lcr dans le matériau et à l'étalonnage des constantes acoustoélastiques. Il a déterminé des profils de contrainte dans le cadre des assemblages soudés en acier. Il a évalué également des contraintes résiduelles induites par grenaillage de précontraintes en utilisant les ondes Lcr et de Rayleigh.

Hoblos [HOB04] et Qozam [QOZ08] ont effectué des travaux sur l'évaluation des contraintes avec les ondes Lcr dans le cas d'assemblages soudés en acier de chaudronnerie. L'originalité de ses travaux a été de résoudre le problème de la superposition des effets de la microstructure et des contraintes dans le cas du soudage et d'améliorer la reproductibilité des mesures. Ils ont mis en évidence l'effet de la microstructure de la zone soudée (métal de base (MB), zone fondue (ZF) et zone affectée thermiquement (ZAT) à la figure 1.4-10a) qui influe sur la vitesse de propagation des ondes Lcr ainsi que la valeur des coefficients acoustoélastiques K_{11} (Fig.1.4-10b). Leurs résultats concernant les profils de contraintes sont comparés à ceux déterminés par la méthode du trou (Fig.1.4-10c). En plus ils ont trouvé qu'il existait une distance minimale entre l'émetteur et le récepteur pour obtenir une vitesse de propagation stable de l'onde Lcr qui correspond à celle de l'onde longitudinale dans l'acier.

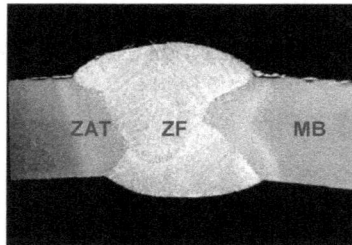

a) Macrographie d'une soudure

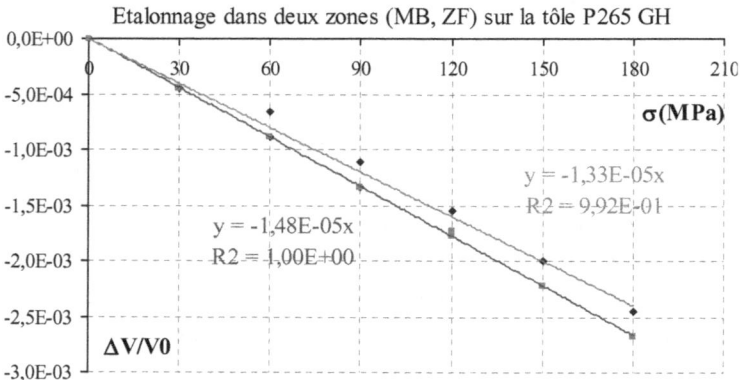

b) Calibrage AE dans le métal de base (MB) et la zone fondue (ZF)

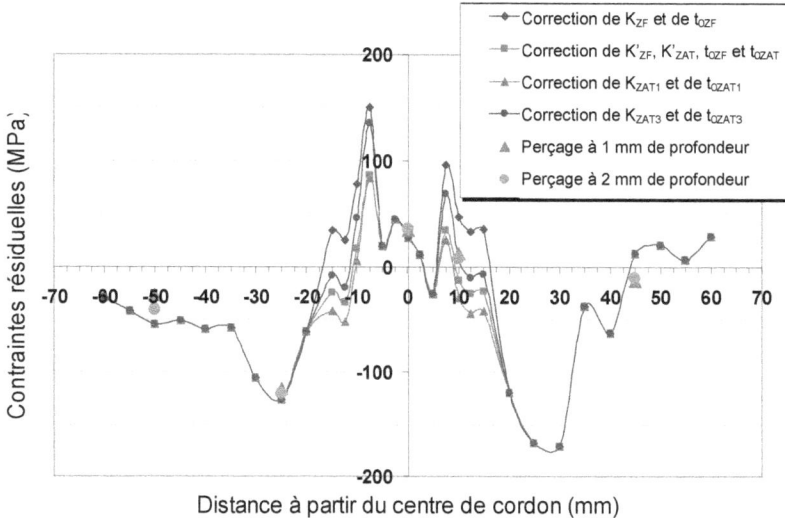

Distance à partir du centre de cordon (mm)

c) Profil de contraintes après correction

Fig.1.4-10. Evaluations des contraintes dans le soudage en acier par Lcr
[QOZ08]

Le cas des polymères n'est pas plus simple, les limites d'élasticité et les vitesses de propagation des ondes acoustiques dans les polymères sont beaucoup plus faibles que dans les métaux. D'autre part, à cause de leur procédé de fabrication, on n'arrive pas à obtenir des pièces de grande épaisseur et leur forte atténuation ne permet pas d'effectuer des mesures sur de longues distances. Toutes les conditions demandent de mesures beaucoup plus précises.

Grâce au développement des équipements expérimentaux, les chercheurs commencent à étudier l'effet acoustoélastique dans les polymères. En 1990, Obata [OBA90] étudie cet effet sur du Poly(methyl methacrylate) (PMMA) avec des ondes de surface générées ave un line-focus-beam acoustic microscope (LFB), muni d'une sonde focalisée.

Harkreader [HAR01] a étudié la vitesse d'érosion sur des polymères HDPE (High Density Polyethylene) par méthode ultrasonore à partir de mesures d'épaisseur. Il a pu vérifier que la vitesse de propagation des ondes était très sensible à la température dans ces matériaux et qu'il était nécessaire de la prendre en compte lors des mesures.

Dernièrement Bray [BRA05] a effectué des travaux sur des HDPE, où il a montré la dépendance de la vitesse de propagation des ondes longitudinales en fonction de la température et effectué le calibrage acoustoélastique avec l'onde Lcr. Pour les essais en température, il effectua ses calibrages entre – 6 °C et 44 °C (22 °F et 112 °F). Le ca librage acoustoélastique a été réalisé entre 0,689 et 6,2 MPa (100 psi à 900 psi). Les résultats sont présentés à la figure 1.4-11.

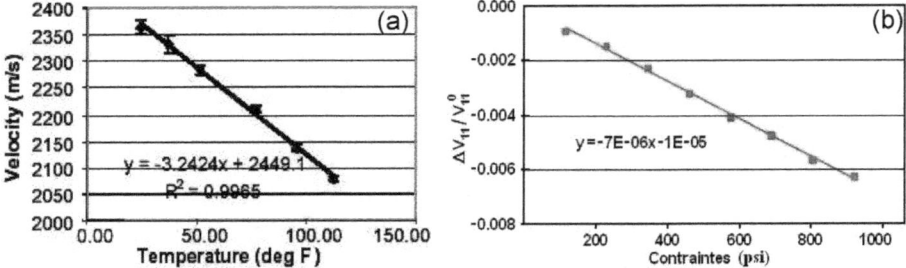

Fig.1.4-11. Variations relatives de la vitesse a) en fonction de la température b) en fonction de la contrainte [BRA05]

Pour déterminer le niveau de dégradation de réservoirs de stockage de produits chimiques moulés en cross-linked Polyéthylène du à leur exposition en extérieur, Bray [BRA06] a proposé d'effectuer des mesures de vitesses de propagation avec l'onde Lcr en fonction du temps. Les mesures sont effectuées sur la paroi externe des réservoirs, il en a déduit que la durée de l'exposition à l'environnement extérieur augmentait la vitesse de propagation des ondes Lcr (Fig.1.4-12).

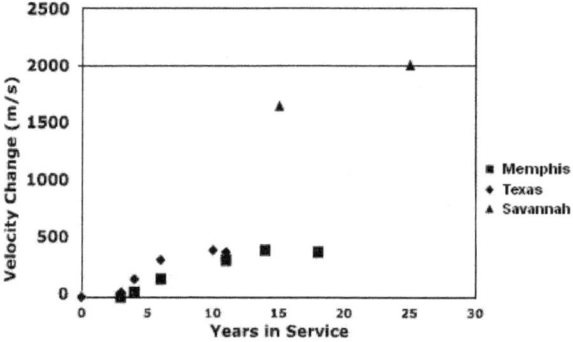

Fig.1.4-12. Variation des vitesses en fonction de temps en service du stockage

Les principaux avantages de cette technique non destructive résident dans sa capacité à déterminer les contraintes dans le volume ainsi qu'en surface, sa rapidité et sa facilité de mise en œuvre et son coût relativement faible par rapport à d'autres techniques. Son inconvénient majeur est dû à sa forte sensibilité vis à vis de la microstructure, ce qui nécessite un calibrage pour chaque cas traité.

1.5. Conclusion

Les mécanismes de formation des contraintes résiduelles dans les polymères injectés et leur distribution, notamment dans l'épaisseur sont relativement complexes. La distribution des contraintes résiduelles moyennes dans l'épaisseur reflète bien le caractère hétérogène de la pièce qui présente des gradients des contraintes résiduelles dans l'épaisseur, avec des contraintes surfaciques très importantes. Il est donc nécessaire de choisir une méthode de mesure permettant de les caractériser et si possible de manière non destructive.

Les méthodes de détermination des contraintes généralement utilisées pour déterminer les contraintes sont destructives ou semi destructives, la photoélasticité ne s'applique qu'au cas des polymères amorphes et elle est comme les méthodes Raman et rayons X peu applicables in situ.

La technique ultrasonore constitue une approche pratique pour déterminer les contraintes internes ou appliquées dans pièces industrielles de manière in situ. Elle présente l'avantage d'être non destructive et simple à mettre en œuvre. Dans le cas des matériaux polymères elle n'a pas encore fait ses preuves, mais les premiers résultats publiés sont encourageants. Elle comporte également des inconvénients, il a été montré par de nombreux auteurs qu'elle était sensible à la microstructure des matériaux métalliques. Le même problème se posera certainement avec les thermoplastiques qui présentent des gradients de propriétés dans leur épaisseur.

La mesure des contraintes résiduelles dans les pièces injectées en polymères thermoplastiques par méthode ultrasonore représente actuellement un challenge. Notre premier objectif consistera à la détermination de la contrainte moyenne dans l'épaisseur des pièces en thermoplastiques. Ensuite, nous nous intéresserons à la possibilité de déterminer ces contraintes à différentes profondeurs de la pièce en utilisant les ondes Lcr.

Chapitre 2 Matériaux et Méthodes Expérimentales

2.1. Introduction

L'analyse bibliographique a montré que la méthode ultrasonore est un moyen efficace et pratique pour évaluer les contraintes résiduelles dans les matériaux. Elle est très récente dans le domaine des polymères, et elle connaît des limites techniques au niveau des mesures : faible vitesse de propagation, forte atténuation et effet non négligeable de la température. Le but de cette étude est d'essayer de remédier à ces problèmes afin de l'adapter au cas des polymères thermoplastiques.

Dans ce chapitre, nous présenterons principalement les matériaux étudiés et notre approche expérimentale. Compte tenu que le calibrage de l'effet acoustoélastique est une étape importante pour réaliser l'estimation des contraintes résiduelles par méthode ultrasonore, il est nécessaire d'identifier tous les paramètres qui peuvent perturber la détermination des coefficients acoustoélastiques, comme le comportement mécanique des matériaux, la forme du faisceau ultrasonore, la fréquence utilisée, ainsi que les angles d'incidence θ_{1C} et la distance entre l'émetteur et le récepteur pour la génération stable de l'onde Lcr.

Ensuite nous détaillerons les conceptions mécaniques des divers supports utilisés lors des calibrages et celle du capteur à l'onde Lcr qui permettra de déterminer les deux composantes des contraintes dans le plan de propagation.

Selon les différents objectifs visés, les méthodes de mesures US se divisent en deux groupes, celles consacrées à l'évaluation des contraintes moyennes dans l'épaisseur des pièces polymères et celles destinées à l'évaluation des contraintes biaxiales dans le plan des pièces polymères. Nous présenterons respectivement leurs réalisations expérimentales.

On choisit la méthode de la photoélasticimétrie comme référence pour déterminer les contraintes moyennes dans l'épaisseur des pièces, la mise en œuvre de cette mesure est présentée aussi dans ce chapitre.

2.2. Matériaux et mise en œuvre

2.2.1. Les thermoplastiques amorphes

Les matériaux retenus dans cette étude sont amorphes de façon à s'affranchir des éventuelles perturbations de la mesure ultrasonore des contraintes internes par des effets de microstructure et par la grande déformation après la fabrication. Il s'agit d'un polycarbonate (PC) et d'un polystyrène (PS), qui sont utilisés largement dans l'industrie. Leurs principales caractéristiques physiques sont exposées dans Tab.2.2-1.

Polymère	Référence fournisseur	Melt Flow Index (en g/10min)	Température de fusion (°C)
PC	General Electric Lexan 121R	25,2	270
PS	Total PS crystal 1540	12	160

Tab.2.2-1. Principale caractéristiques physiques des polymères thermoplastiques utilisés (données fournisseurs)

2.2.2. Leur mise en œuvre

Ces polymères sont injectés à l'aide d'une presse DK Codim VP 600/200 pour fabriquer des plaques de dimensions 300×120×3 mm, alimentées en nappe de façon à obtenir un front de matière perpendiculaire à la direction de l'écoulement sur toute la longueur de la plaque (Fig.2.2-1).

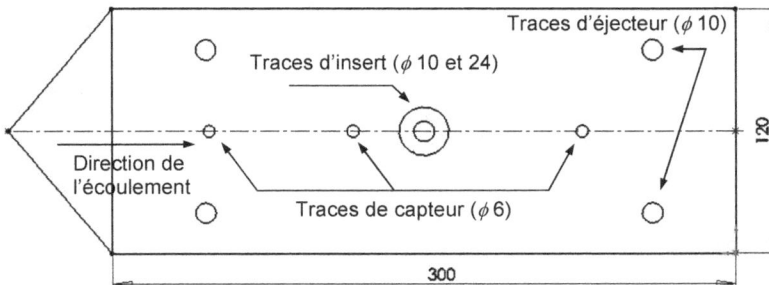

Fig.2.2-1. Schéma de la plaque injectée (unité : mm)

L'outillage utilisé pour la fabrication des plaques est un moule instrumenté en température et en pression, avec la possibilité de le configurer avec différentes empreintes. Sur la face correspondant à la partie fixe de l'outillage, cette plaque intègre des capteurs, éjecteurs et inserts. Leur présence induit la formation de légères bavures (de l'ordre de 0,1 mm en épaisseur) qui pourraient perturber la mesure par ultrasons. La direction de l'écoulement du polymère fondu est précisée, les plaques sont symétriques par rapport à l'entrée d'injection et la direction de l'écoulement du polymère fondu. Avant injection, la matière est étuvée sous vide pendant 2 heures à 130 °C.

Les plaques mesurées sont fabriquées en deux fois de manière à réaliser les différents objectifs. La première partie a été fabriquée préalablement un an avant les mesures afin de valider la méthode ultrasonore. Les réglages de la machine (vitesse d'injection, profil thermique du fourreau, température outillage) ont été fixés en fonction de la nature du matériau (température de fusion, viscosité) selon les fiches techniques des matériaux correspondants (Tab.2.2-1). Après la fabrication, les plaques ont été stockées dans une salle climatisée contrôlée en température et humidité relative (23 ± 2 °C et 55 ± 5%) avant les essais.

Ensuite deux nouvelles séries de plaques, pour chaque matériau retenu (PC et PS), ont été fabriquées selon les conditions de transformation listées dans le tableau 2.2-2 ci-dessous. Pour chaque polymère, deux jeux de conditions ont été utilisés qui permettent de générer des niveaux de contraintes internes différents. Après la fabrication, les plaques ont été conservées au congélateur (-20 °C) jusqu'au moment où elles ont été étudiées de façon à bloquer les phénomènes de relaxation de toutes les contraintes induites par la mise en œuvre.

Poly.	Niveau de contraintes	Temp. d'injection (°C)	Temp. moule (°C)	Débit d'injection (cm³/s)	Pression de maintien (bar)	Temps de maintien (s)	Temps de refroidis-sement (s)
PC	1 (haut)	320	80	1385	100		
	2 (bas)	320	80	277	50	20	20
PS	1 (haut)	260	60	388	80		
	2 (bas)	260	60	277	40		

Tab.2.2-2. Conditions d'injection pour les différents matériaux de l'étude

Le choix de la zone de mesures permet d'obtenir des résultats corrects et significatifs. Les mesures ultrasonores sont influencées par l'orientation moléculaire, il faut donc s'éloigner de l'entrée d'injection pour obtenir une région où l'orientation moléculaire est plus homogène. Ensuite la position du défaut géométrique lié à la présence de l'extracteur se trouve dans la zone centrale des plaques, ce qui occasionne une perturbation au niveau des contraintes présentes dans cette zone. Les bords des plaques sont également susceptibles de perturber la propagation de l'onde, nous avons donc choisi une zone de 168×84 mm autour du défaut pour les mesures ultrasonores. La zone élémentaire de mesure est définie comme un carré de surface 14×14 mm, qui correspond au diamètre du capteur ultrasonore utilisé (cf. § 2.5.2). Un quadrillage approprié est tracé sur chaque plaque destinée à ces mesures pour faciliter le positionnement des capteurs comme le montre la figure 2.2-2, au total, il y a donc 12×6 points de mesure pour chaque plaque. On construit un repère dans la zone étudiée, le point d'origine se situe au centre du carré gauche en bas, la position du défaut central est comprise entre 42 et 56 mm au niveau de l'abscisse.

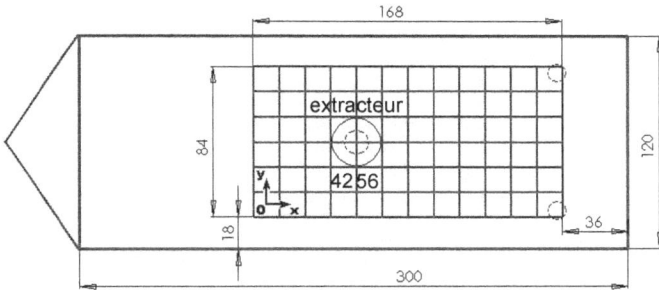

Fig.2.2-2. Définition de la zone concernée par les mesures (unité : mm)

2.3. Caractérisation mécanique

Le calibrage acoustoélastique consiste à réaliser un essai de traction uniaxial par paliers, en dessous de la limite d'élasticité des matériaux, et à effectuer les mesures ultrasonores en même temps. La connaissance des caractéristiques mécaniques en particulier le module d'élasticité ainsi que la limite d'élasticité de chaque matériau est donc la première étape nécessaire avant de réaliser le calibrage acoustoélastique. La caractérisation mécanique des matériaux de l'étude est réalisée sur éprouvettes relaxées, c'est à dire après conditionnement à 23 ± 2 °C et 55 ± 5% d'humidité relative pendant un minimum de 88 heures.

55

2.3.1. Le protocole expérimental

Les essais sont réalisés en traction uniaxiale selon la norme ISO 527-1 et -2 à l'aide d'une machine de traction INSTRON-1185, équipé d'une cellule de force de 5 kN (classe 0, correspondant à une incertitude de 0,5% de la valeur mesurée) en vue d'enregistrer les forces appliquées sur l'éprouvette.

Fig.2.3-1. Configuration expérimentale de la caractérisation mécanique

Les éprouvettes sont découpées au jet d'eau dans les plaques injectées selon le schéma (Fig.2.3-2), les éprouvettes sont prélevées dans la direction d'injection de façon à en vérifier l'homogénéité.

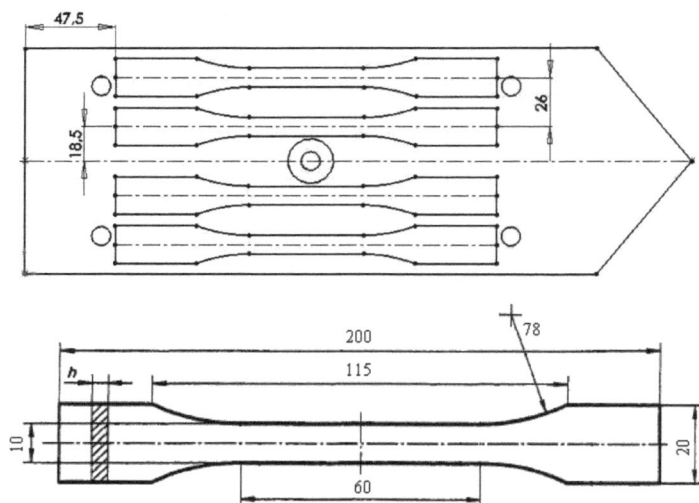

Fig.2.3-2. Définition de la géométrie des éprouvettes utilisées pour la caractérisation mécanique et plans de découpe (unité : mm)

La vitesse de traverse est fixée à 1 mm/min. Suivant les cas les essais sont menés jusqu'à rupture pour PS ou jusqu'à une déformation de 2% pour PC. Grâce à la fragilité du PS, il n'y a pas le phénomène de striction avant sa rupture. Pour la mesure du module, on peut donc enregistrer la déformation de l'échantillon toujours à l'aide d'un extensomètre (Instron 2620-602, gamme de mesure ± 2,5 mm, classe 0).

2.3.2. Détermination du module de Young et de la limite d'élasticité

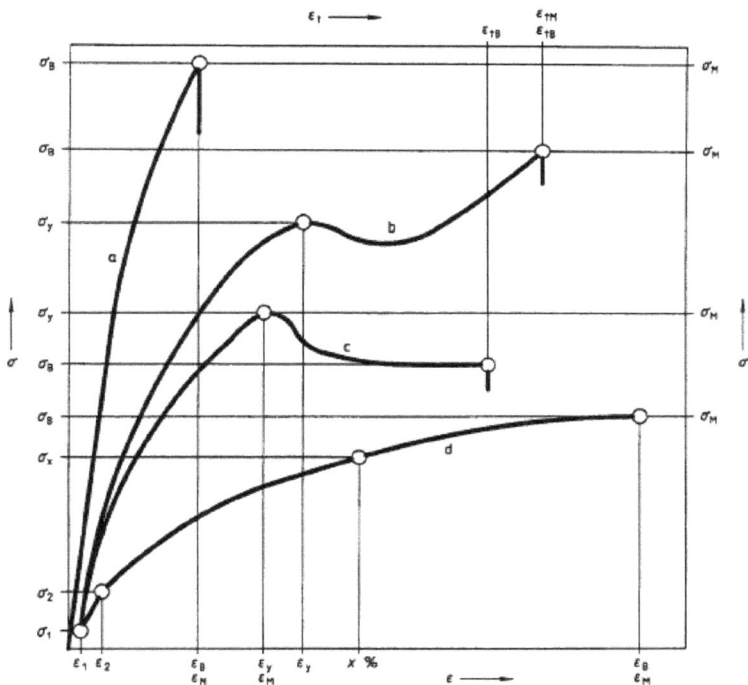

Fig.2.3-3. Détermination du module d'Young des matériaux

Le module d'Young, E, est mesuré suivant les préconisations de la norme ISO 527-1. Pour les polymères, il y a trois types de courbe contrainte-déformation possible comme montré à la figure 2.3-3. La courbe a représente les polymères fragiles. Les courbes b et c représentent les polymères ductiles avec seuil d'écoulement. La courbe d représente les polymères ductiles sans seuil d'écoulement. Les points pour le calcul des modules en traction E sont indiqués par (σ_1 et ε_1) et (σ_2 et ε_2), représentés seulement sur la courbe d, c'est à dire à partir de l'équation 2.3-1 :

$$E = \frac{\sigma_2 - \sigma_1}{\varepsilon_2 - \varepsilon_1}$$ (2.3-1)

Où σ_1 et σ_2 sont les contraintes mesurées pour des déformations respectivement égales à ε_1 = 0,05% et ε_2 = 0,25%.

La limite d'élasticité n'est pas définie par la norme. Il s'agit de la contrainte maximale au delà de laquelle la déformation n'est plus réversible qui correspond au point de perte de linéarité de la courbe contrainte-déformation. Elle est déterminée manuellement sur les courbes expérimentales (Fig.2.3-4).

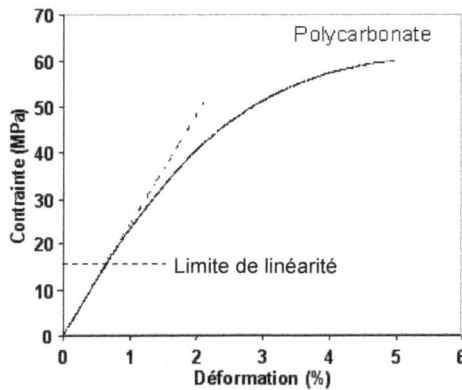

Fig.2.3-4. Détermination de la limite d'élasticité en traction des matériaux : Exemple du PC

Les principaux résultats (moyennes sur 3 éprouvettes) sont présentés dans Tab.2.3-1. Par rapport aux valeurs indiquées dans les fiches techniques des matériaux, nous pouvons affirmer que les mesures obtenues sont de bonne qualité.

POLYMERE	MODULE D'YOUNG (E)				LIMITE D'ELASTICITE (σ_{limite})		
	Moyen. (MPa)	Ecart type (MPa)	Ecart type (%)	Données fournisseur (MPa)	Moyenne (MPa)	Ecart type (MPa)	Ecart type (%)
PC	2341	29	1,2	2350	15,7	0,4	2,6
PS	3073	71	2,3	3100	18,4	1,1	6,0

Tab.2.3-1. Modules d'Young et limites d' élasticité des matériaux de l'étude

2.3.3. Echantillons pour le calibrage AE

Les éprouvettes destinées au calibrage acoustoélastique sont découpées au jet d'eau dans les plaques injectées, relaxées des contraintes induites par la mise en forme et conditionnées une semaine avant essai. Leurs dimensions découlent d'un compromis entre l'encombrement du montage ultrasonore, les conditions optimales imposées par la technique de mesure et les dimensions des plaques. En effet, afin de s'affranchir des hétérogénéités induites par les éventuels effets de bord de l'écoulement, une bande de 10 mm en périphérie de chaque plaque est éliminée (par rapport à la zone de mesure). Pour des raisons similaires, la zone (de 30 mm de diamètre) autour de l'insert n'est pas utilisée. Enfin, le même échantillon devant permettre la calibration acoustoélastique dans la direction longitudinale et dans la direction de l'épaisseur (K_{11} et K_{33}), ses dimensions (longueur et largeur) doivent être les plus grandes possibles, afin d'éviter l'influence possible des effets des bords d'échantillon sur la propagation de l'onde. Compte tenu de ces différentes contraintes, il est possible de prélever deux éprouvettes par plaque (Fig.2.3-5).

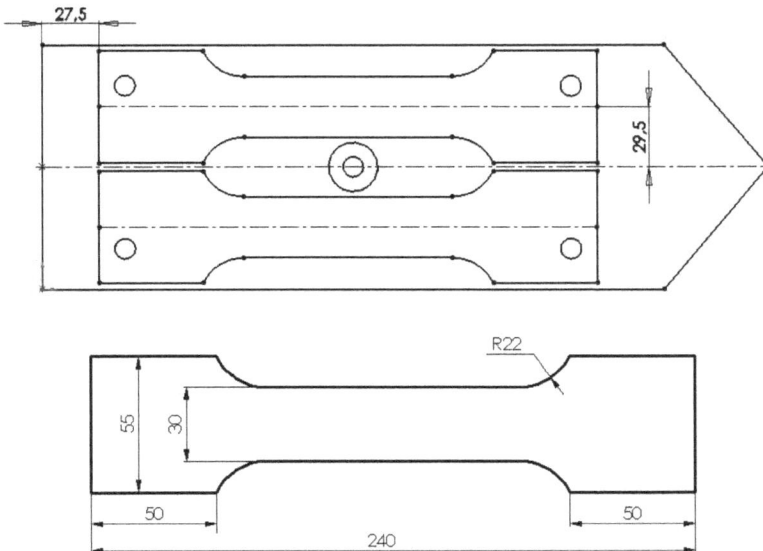

Fig.2.3-5. Plan de découpe et dimensions des éprouvettes utilisées pour la calibration de l'effet acoustoélastique (unité : mm)

Le chargement est toujours exercé suivant la direction d'écoulement (L). La zone centrale sert à effectuer le calibrage ultrasonore. La largeur et l'épaisseur des échantillons sont mesurées respectivement au pied à coulisse et au micromètre dans cette zone. Chaque éprouvette est instrumentée, sur une face, par des rosettes de trois jauges de déformation afin de mesurer précisément les déformations lors des tests ; les jauges numérotées 1, 2 et 3 étant orientées d'un angle de 0, 45 et 90 degrés par rapport à la direction de sollicitation (Fig.2.3-6). Un jauge unidirectionnelle, numérotée 4, est également collée sur la face opposée, permettant de vérifier l'absence de flexion parasite en cours d'essai.

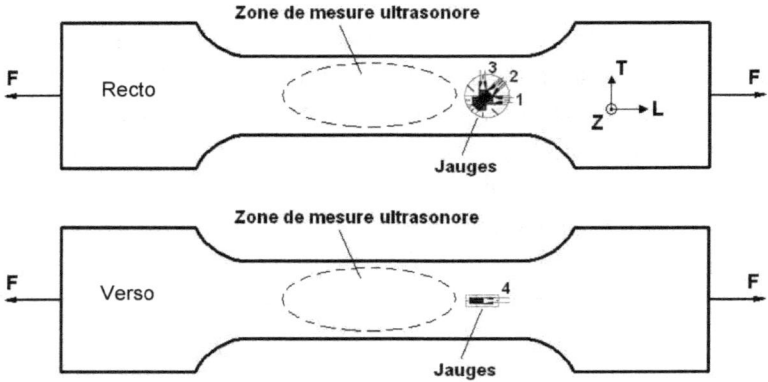

Fig.2.3-6. Instrumentation des éprouvettes utilisées pour la calibration de l'effet acoustoélastique

Les déformations longitudinales (ε_L) et transversale (ε_T) de l'éprouvette sont déduites des informations issues des jauges par :

$$\varepsilon_L = \frac{1}{2}(\varepsilon_1 + \varepsilon_3) + \sqrt{\frac{1}{2}\left((\varepsilon_1 - \varepsilon_2)^2 + (\varepsilon_2 - \varepsilon_3)^2\right)}$$

$$\varepsilon_T = \frac{1}{2}(\varepsilon_1 + \varepsilon_3) - \sqrt{\frac{1}{2}\left((\varepsilon_1 - \varepsilon_2)^2 + (\varepsilon_2 - \varepsilon_3)^2\right)} \qquad (2.3\text{-}2)$$

Où ε_i (i = 1, 2, 3) est la déformation mesurée par la jauge i (i = 1, 2, 3), via des ponts d'extensométrie P-3500 (gamme de mesure ±19999 µε, résolution ±1 µε).

Les matériaux étant supposés, ici, isotropes, la déformation dans la direction de l'épaisseur, ε_Z, est donc égale à ε_T.

2.3.4. Comportement d'échantillons de calibrage en charge/décharge

Les essais de calibration de l'effet acoustoélastique nécessitant d'appliquer des cycles de charge et décharge sur chaque éprouvette afin de vérifier qu'il n'y a pas de phénomène d'hystérésis, il convient de s'assurer de la constance du comportement mécanique de cycle en cycle, dans les mêmes conditions que les essais de calibrage AE, y compris les conditions expérimentales, le dispositif et le processus de chargement.

Comme il est montré à la figure 2.3-7, des essais mécaniques complémentaires des différents matériaux et celui de calibrage sont réalisés à l'aide d'une machine LLOYD-LR-50K équipée d'une cellule de force 5 KN (classe 0), qui permet de lire directement la force appliquée. Touts les tests sont effectués dans une salle climatisée (23 ± 2°C et 55 ± 5% d'humidité relative) afin de diminuer l'influence des variations de la température ambiante.

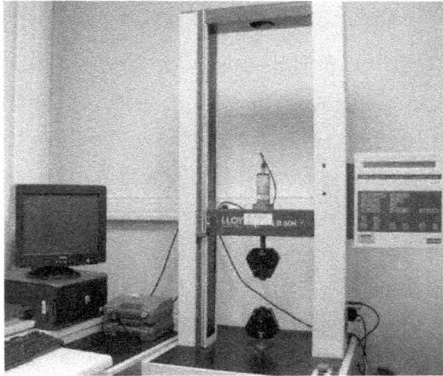

Fig.2.3-7. Machine de traction LLOYD-LR-50K

Les sollicitations maximales sont limitées à 15% en dessous de la limite d'élasticité déterminée précédemment pour chaque matériau, de façon à rester dans le domaine élastique.

La vitesse de traverse est fixée à 1 mm/min. Plusieurs chargements cycliques sont imposés entre 0 et $85\%\sigma_{limite}$ par 6 paliers avec un pas constant, puis l'on procède au déchargement de l'éprouvette de la même manière. Les déformations sont enregistrées en parallèle. Les courbes contraintes-déformations des jauges 1 (direction L) et 3 (direction T) correspondant à ces essais sont présentées à Fig.2.3-8.

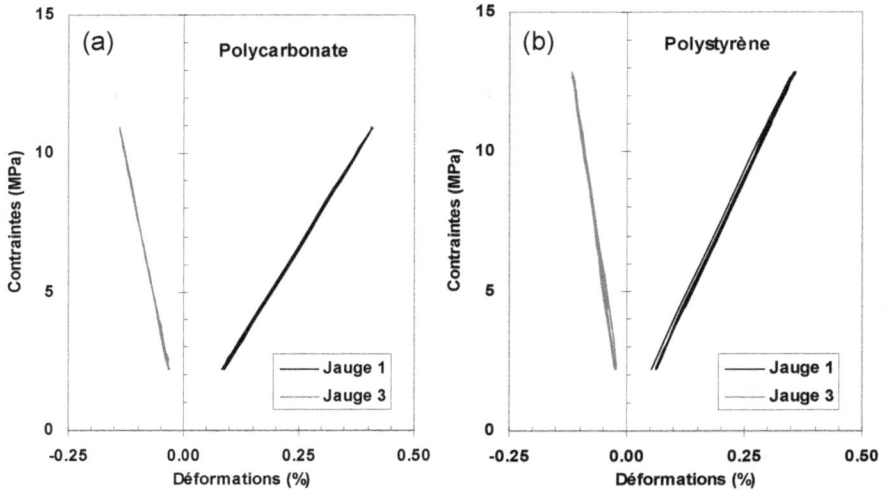

Fig.2.3-8. Courbes contraintes-déformation en chargements cycliques pour les différents matériaux de l'étude

Dans le cas du PC, les courbes correspondant aux différents cycles se superposent. En revanche, dans le cas du PS, le premier cycle n'est pas superposable aux suivants. Par la suite, les calibrages acoustoélastiques seront toujours réalisées au delà du deuxième cycle de chargement, quel que soit le matériau considéré, afin de garantir un comportement identique lors du chargement et du déchargement.

2.4. Mesure par photoélasticimétrie

Comme les thermoplastiques amorphes PC et PS sont transparents, nous pouvons mesurer la distribution des contraintes résiduelles moyennes dans l'épaisseur des plaques par la méthode de la photoélasticimétrie. Les résultats serviront de comparaison avec ceux obtenus par la méthode ultrasonore.

2.4.1. Principe de la photoélasticité

Les essais de photoélasticimétrie sont réalisés à l'aide d'un photoélasticimètre Photolastic Inc. Modèle 241.08 (l'incertitude 10~15% de la valeur mesurée) montré aux figures 2.4-1 et 2.4-2. Il comprend un polariscope éclairé sous lumière blanche, un polariseur et un analyseur croisés entre lesquels est positionnée la plaque à analyser. Celui-ci permet d'extraire les isoclines (images des directions principales (1, 2) de contraintes internes) et les isochromes (image de la différence de l'amplitude des contraintes internes principales σ_1 et σ_2). Un appareil photo (Nikon coolpix L5 avec une résolution de 7,2 Mega pixels) permet l'acquisition numérique des images de qualité pour leur traitement ultérieur.

Fig.2.4-1. Banc de photoélasticimétrie

Fig.2.4-2. Installation de la plaque

Tout d'abord, on utilise le polariscope plan en la lumière blanche pour repérer la position de chaque isocline correspondant aux différents angles de rotation des polaroïds. On tourne ensemble les deux polaroïds, le polariseur et l'analyseur, de 5 en 5 degrés par rapport à la verticale, dans les sens positif et négatif. Parce que les positions des isoclines correspondent avec les points où les directions principales des contraintes sont parallèles aux orientations des polaroïds, elles se déplacent lorsque l'on tourne les polaroïds. Les isochromes ne se déplacent pas, cette propriété est indépendante de la longueur d'onde, de l'épaisseur et du coefficient photoélastique du matériau. Finalement on peut déterminer les directions des contraintes principales en chaque point de la plaque.

Les isoclines ont donc été très utiles pour repérer les directions principales dans la pièce, par contre, elles gênent l'observation des isochromes. Ensuite on utilise deux lames quart d'onde pour configurer le polariscope circulaire qui permet de ne voir que la distribution des isochromes. La chaîne de mesure est montrée à la figure 2.4-3.

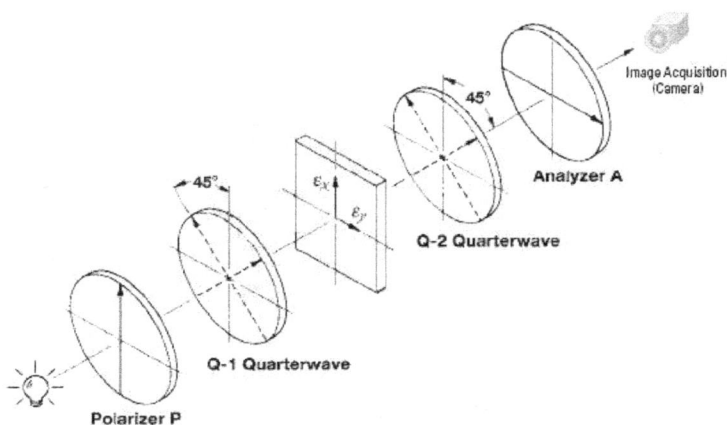

Fig.2.4-3. Chaîne de mesure du polariscope circulaire

La lumière blanche est d'abord utilisée permettant de classer plus facilement les ordres de frange à l'aide des franges colorées en suivant la séquence d'apparition des couleurs.

Puis on ajoute un filtre monochromatique pour obtenir la raie verte de longueur d'onde 546,1 nm afin de repérer plus précisément les isochromes en utilisant une lumière monochromatique. Quand les polaroïds restent en position croisée (90°), on obtient des isochromes d'ordre entier (champ sombre). En plaçant les polaroïds dans une position parallèle (0°), on obtient des isochromes demi-entières, c'est-à-dire pour des valeurs de n égales à 1/2, 3/2, 5/2, etc. (champ clair). La rotation de l'analyseur entraine le déplacement continu et proportionnel des isochromes, si une isocline passe par le point à interpoler. On n'a donc fait l'interpolation angulaire d'après des équations (1.3-15) que pour les points situés sur l'axe central de la plaque, correspondant au cas de l'isocline de 0 degré.

2.4.2. Séparation des contraintes principales

La méthode de séparation des contraintes principales consiste à procéder à des intégrations le long d'une droite particulière [AVR84].

Considérons des états plans de contraintes résiduelles dans la plaque, en utilisant le repère bidimensionnel Oxy montré à la figure 2.2-2. On sait que les composantes analytiques rapportées aux axes Oy et Ox, soit σ_{yy} et τ_{xy}, sont liés aux contraintes principales par :

$$\sigma_{yy} = \frac{\sigma_1 + \sigma_2}{2} - \frac{\sigma_1 - \sigma_2}{2} \cos 2\beta \qquad (2.4\text{-}1a)$$

$$\tau_{xy} = \frac{1}{2}(\sigma_1 - \sigma_2)\sin 2\beta \qquad (2.4\text{-}1b)$$

σ_1 et σ_2 étant les contraintes principales, et β l'angle de la direction principale de σ_1 avec l'axe Ox. Connaissant $(\sigma_1\text{-}\sigma_2)$ et β en tout point par les mesures précédentes, nous pouvons donc avoir également τ_{xy} en chaque point de la plaque.

En même temps, d'après des équations différentielles d'équilibre :

$$\frac{\partial \sigma_{yy}}{\partial y} + \frac{\partial \tau_{xy}}{\partial x} = 0 \qquad (2.4\text{-}2)$$

On peut déterminer σ_{yy} en un point quelconque P, en effectuant l'intégration le long de l'axe Oy

$$\sigma_{yy}(P) = \int \frac{\partial \sigma_{yy}}{\partial y} dy + C = -\int \frac{\partial \tau_{xy}}{\partial x} dy + C \qquad (2.4\text{-}3)$$

Où $\delta\tau_{xy}/\delta x$ est déterminé en prenant la variation moyenne des contraintes de cisaillement entre deux points adjacents qui ont la même ordonnée, soit $[\tau_{xy}(x', y)\text{-}\tau_{xy}(x, y)]/(x'\text{-}x)$. La constante C, correspond à la valeur de σ_{yy} au point de départ de l'intégration. L'intégrale est calculée sous forme d'une aire en partant d'un bord libre où la contrainte normale est nulle, on en déduit :

$$\sigma_{yy}(P) = -\int \frac{\partial \tau_{xy}}{\partial x} dy \qquad (2.4\text{-}4)$$

Finalement on peut obtenir les expressions de $(\sigma_1+\sigma_2)$ en chaque point de mesure en utilisant l'équation 2.4-1a. On dispose donc d'une équation supplémentaire pour calculer σ_1 et σ_2 séparément. La précision des calculs dépend du choix des domaines d'intégration. Cette procédure de dépouillement comprend des traitements d'interpolation et de moyennage. Elle peut seulement refléter la tendance de la variation de contrainte entre les points mesurés, et ne pas donner la valeur exacte de la contrainte en chaque point. Plus la longueur d'intégration est importante, moins les résultats sont précis.

2.4.3. Détermination du coefficient de frange

Les résultats proviennent directement des mesures de photoélasticité, ils sont fonction de l'ordre de la frange. Pour convertir les valeurs contraintes en Pascal, il faut connaître le coefficient de frange « f » du matériau, on fait un essai de flexion 4 points afin de le mesurer. On effectue un traitement de relaxation des contraintes sur la plaque en PC à la température de 130 °C durant 24 heures afin de libérer les contraintes résiduelles. Ensuite on découpe trois éprouvettes (180×35 mm) au jet d'eau dans les plaques injectées selon le schéma (Fig.2.4-4), et les assemble pour obtenir une éprouvette d'épaisseur de 10 mm (Fig.2.4-5).

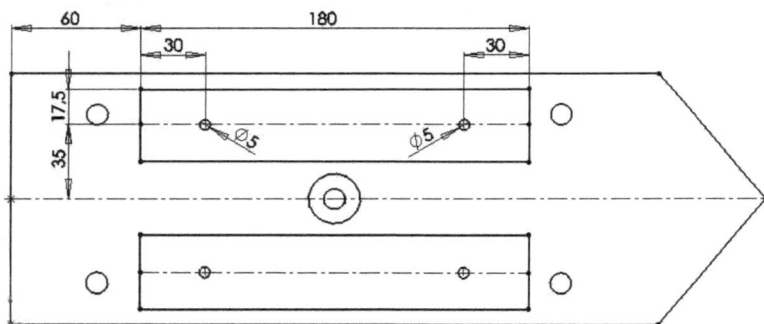

Fig.2.4-4. Plan de découpe des échantillons (unité : mm)

Fig.2.4-5. Eprouvette d'étalonnage en PC

Les essais d'étalonnage sont montrés à la figure 2.4-6. Parce que la partie centrale de l'éprouvette est soumise à un état de flexion pure, on peut déterminer les valeurs des contraintes principales pour chaque point de cette zone en fonction de la force appliquée.

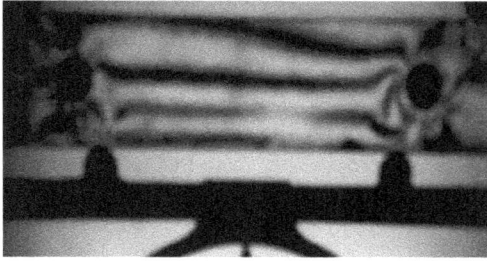

Fig.2.4-6. Etalonnage dans un polariscope circulaire sous la lumière monochromatique

D'après l'équation 1.3-13, on a :

$$\sigma_1 - \sigma_2 = \frac{\lambda n}{Ce} = f \frac{n}{e} \qquad (2.4\text{-}5)$$

où « n » est l'ordre de la frange, « e » est l'épaisseur d'éprouvette. On peut ensuite calculer le coefficient de frange « f » du matériau.

2.5. Principe de la méthode ultrasonore

2.5.1. Les propriétés des ondes ultrasonores

2.5.1.1. Champ ultrasonore

D'après la théorie acoustique, le champ ultrasonore produit par une pastille piézoélectrique du capteur comprend deux zones distinctes définies à la figure 2.5-1.

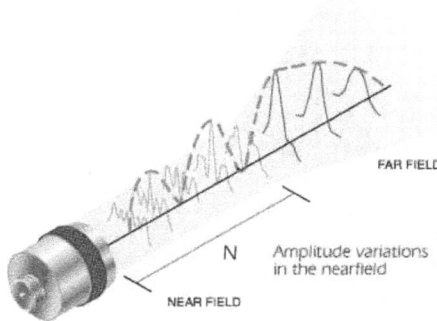

Fig.2.5-1. Faisceau ultrasonore

La zone située à proximité de la pastille est appelée champ proche. Dans cette région, le champ acoustique a pratiquement la forme d'un cylindre dont le diamètre est légèrement inférieur au diamètre de la pastille. Le long

67

de l'axe du cylindre, la pression acoustique varie fortement entre des maxima et des minima à cause de nombreuses interférences.

En considérant des variations d'amplitudes, les mesures à l'intérieur du champ proche ne sont généralement pas recommandées. La longueur caractéristique du champ proche, N, est définie par la position du dernier maximum de la pression acoustique :

$$N = \frac{D^2}{4\lambda} \tag{2.5-1}$$

Avec D : Diamètre de la pastille, λ : Longueur d'onde dans le matériau.

La zone située au delà de N est appelée champ lointain (ou champ éloigné). Dans cette région, la pression acoustique le long de l'axe décroît en fonction de l'inverse de la distance à la pastille.

Le champ lointain est caractérisé par une divergence du faisceau ultrasonore. La grande majorité de l'énergie acoustique est contenue dans un cône dont le demi-angle $\psi/2$ est défini aussi par la longueur d'onde et le diamètre de la pastille :

$$\sin(\frac{\psi}{2}) = 1,22\frac{\lambda}{D} \tag{2.5-2}$$

Ces propriétés doivent être prises en compte lors de la réalisation des capteurs.

2.5.1.2. Atténuation des ondes US

L'atténuation est la réduction de l'amplitude ou de l'énergie du signal en fonction de la distance parcourue dans le milieu. Dans le cas des ondes ultrasonores, le coefficient d'atténuation α est aussi fonction du matériau et de la fréquence du signal.

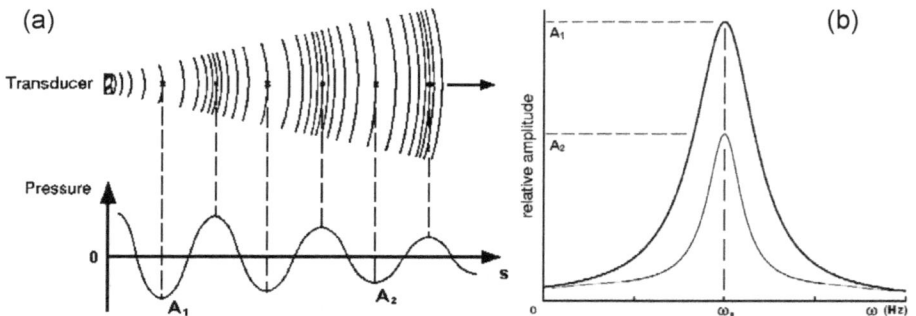

Fig.2.5-2. (a) Atténuation de l'onde (b) Transformée de Fourier des signaux

Comme le montre la figure 2.5-2a, on peut mesurer l'atténuation des ondes ultrasonores directement dans le domaine temporel en étudiant l'évolution des amplitudes du signal temporel en fonction de la distance de propagation des ondes selon l'équation :

$$\alpha = \frac{20}{d} \times \lg\left(\frac{A_2}{A_1}\right) \qquad (2.5\text{-}3)$$

Où A_1 et A_2 sont les amplitudes des signaux étudiés, et d est la distance de propagation des ondes entre les deux signaux.

On peut aussi calculer le coefficient d'atténuation dans le domaine fréquentiel à partir de la transformée de Fourier des signaux étudiés. Le rapport des amplitudes est obtenu à partir des densités spectrales des signaux (Fig.2.5-2b).

2.5.2. Capteurs et dispositif expérimental

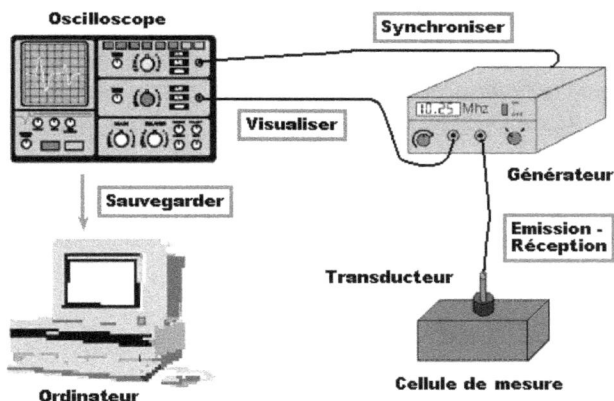

Fig.2.5-3. Configuration expérimentale pour les caractérisations acoustiques

La configuration typique de mesure est présentée à la figure 2.5-3, elle est constituée des éléments suivants :

- Un générateur, qui émet et reçoit les ondes ultrasonores via le transducteur, et envoie les signaux après amplification à l'oscilloscope. On utilisera le générateur d'impulsion Sofranel-5052 PR (bande passante égale à 35 MHz), qui fonctionne en émission/réception ou en mode transmission, ainsi que le générateur Tektronix AFG3021, qui permet de travailler en train d'ondes, en fixant la fréquence.

- Le transducteur, mis en contact avec l'éprouvette via le milieu de propagation de l'onde ultrasonore. Alimenté par le générateur, il peut générer les ondes ultrasonores et convertir les ondes reçues aux signaux électriques grâce à l'effet piézoélectrique. Dans le cadre de notre étude, nous avons utilisé cinq types de transducteur : le premier est un « NDT Automation IU5×2 », à la fréquence de 5 MHz, de diamètre 0,5 pouce (= 12,7 mm) ; le second est le transducteur focalisé « NDT Automation IU5×2-2.5 », à la fréquence de 5 MHz, de diamètre 0,5 pouce ayant une distance focale égale à 2,5 pouce ; le troisième est « Olympus Panametrics-NDT V323-SM », dont la fréquence est 2,25 MHz et le diamètre de 0,25 pouce (= 6,35 mm) ; les derniers sont les transducteurs de diamètre 0,25 pouce, dont la fréquence est 3,5 MHz ou 5 MHz.

- Un oscilloscope numérique, « LeCroy WaveRunner 44Xi », qui a une fréquence d'échantillonnage de 5 GHz par voie, et permet de sauvegarder les signaux. En général on enregistre les signaux reçus après le moyennage des acquisitions de 256 fois pour améliorer le rapport signal sur bruit.

- Un ordinateur, sauvegarde les signaux en permanence et effectue les dépouillements des données à l'aide d'un logiciel développé sous « Labview 5.0 ».

Car la vitesse de propagation de l'onde dans l'eau est environ 1480 m/s, on trouve que la distance du champ proche (N) des transducteurs est très différente, d'après l'équation (2.5-1), on obtient :

$$N_1 = \frac{D^2}{4\lambda} = \frac{D^2 f}{4V_{eau}} = \frac{\left(12.7 \times 10^{-3}\right)^2 \times 5 \times 10^9}{4 \times 1480} = 136 \text{ mm} \qquad (2.5\text{-}4a)$$

$$N_2 = \frac{D^2}{4\lambda} = \frac{D^2 f}{4V_{eau}} = \frac{\left(6.35 \times 10^{-3}\right)^2 \times 2.25 \times 10^9}{4 \times 1480} = 15,3 \text{ mm} \qquad (2.5\text{-}4b)$$

N_1 et N_2 sont les valeurs des champs proches pour les deux transducteurs NDT Automation IU5×2 et Olympus Panametrics-NDT V323-SM.

Il n'est évidemment pas pratique d'effectuer les mesures toujours dans le champ lointain du transducteur. On réalise d'abord les mesures du calibrage AE dans le champ lointain du transducteur Olympus Panametrics-NDT V323-SM, puis dans le champ proche du transducteur NDT Automation IU5×2, afin de comparer la différence.

2.6. Calibrage AE de K_{33} des polymères thermoplastiques

L'évaluation des contraintes moyennes dans l'épaisseur des pièces polymères par l'onde longitudinale nécessite de déterminer des coefficients acoustoélastiques K_{33} des matériaux correspondants.

La conception des montages expérimentaux est très importante, afin de pouvoir valider la méthode US. La démarche expérimentale et les différents tests menés ont démontré que le soin apporté à cette phase préalable contribue largement à la qualité des mesures et aux résultats obtenus et donc à la pertinence des analyses qui ont pu être réalisées.

2.6.1. Principe des meseurs

Les mesures sont réalisées par la méthode « Pulse Echo », dont le principe est présenté à la figure 2.6-1. Le même transducteur fonctionne comme émetteur et récepteur. Il émet les impulsions ultrasonores perpendiculairement à la surface de l'échantillon, et recueille les signaux après leur parcours dans l'épaisseur de la pièce.

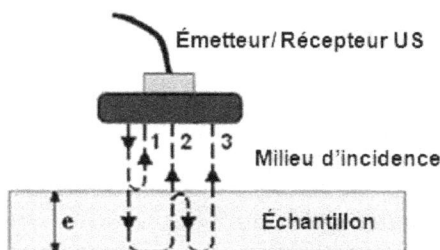

Fig.2.6-1. Principe de la mesure de la vitesse

A partir des deux premiers échos de fond de la plaque, on détermine le temps de parcours dans l'épaisseur de la plaque, qui est effectuée principalement par des techniques de traitement du signal. Globalement il y a deux moyens de traiter les signaux : l'analyse temporelle et l'analyse fréquentielle.

Les mesures dans le domaine temporel se basent sur le principe du suivi d'un point particulier du signal, afin de déterminer le temps de parcours. Dans la bibliographie, les chercheurs utilisent souvent les points de passage par 0. En général, le signal étant composé d'arches positives et d'arches négatives, le point de passage par zéro constitue un point intéressant pour la mesure du temps. Celle-ci est effectuée entre deux passages par zéro de deux positions équivalentes sur deux signaux semblables mais décalés (Fig.2.6-2).

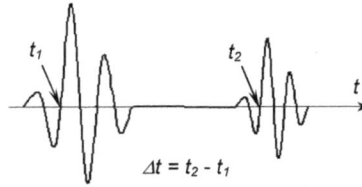

Fig.2.6-2. Représentation de la méthode temporelle

La méthode temporelle est simple et rapide. Quand les signaux sont déformés pendant la propagation dans la pièce, cette méthode permet d'effectuer la mesure avec des influences moins importantes.

L'autre méthode utilise l'analyse de Fourier et exploite les spectres d'amplitude dans le domaine fréquentiel afin de calculer la fonction d'intercorrélation φ_{xy} entre deux signaux $x(t)$ et $y(t)$, qui est définie par :

$$\varphi_{xy}(t) = \int_{-\infty}^{+\infty} \overline{x(u)} y(u+t) du \qquad (2.6\text{-}1)$$

Où $\overline{}$ désigne la conjugaison complexe, dans le cas de signaux complexes, et naturellement l'identité pour le cas réel. En pratique, il se calcule via la transformée de Fourier inverse de :

$$\widehat{\varphi}_{xy} = \overline{R(\omega)}\, Y(\omega) \qquad (2.6\text{-}2)$$

Dans notre cas, par rapport au signal d'écho $x(t)$, $y(t)$ est atténué et présente un retard de Δt, comme le montre la figure 2.6-3a :

$$y(t) = \alpha x(t - \Delta t) \qquad (2.6\text{-}3)$$

Avec α le coefficient d'atténuation. La fonction entre les deux signaux φ_{xy} s'écrit :

$$\varphi_{xy}(t) = \alpha \int_{-\infty}^{+\infty} \overline{x(u)} x(u + t - \Delta t) du = \alpha \varphi_{xx}(t - \Delta t) \qquad (2.6\text{-}4)$$

L'amplitude de la fonction d'autocorrélation $\varphi_{xx}(t)$ est maximale pour t égal à 0, le maximum d'amplitude de la fonction d'intercorrélation $\varphi_{xy}(t)$ est donc atteint pour t égal à Δt, correspondant au décalage du temps entre les deux signaux de forme similaire (Fig.2.6-3).

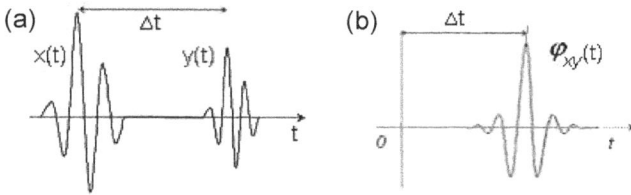

Fig.2.6-3. (a) Deux signaux décalés (b) Fonction d'intercorrélation $\varphi_{xy}(t)$

Cette méthode calcule directement le décalage global dans le temps entre deux échos. Elle est plus précise lorsque les signaux sont peu déformés.

2.6.2. Conception des montages pour les calibrages AE de K_{33}

Tout d'abord, on doit concevoir un support de capteur standard, qui permet de le fixer perpendiculairement au centre de l'éprouvette de traction, afin de réaliser les essais de calibrage des coefficients acoustoélastique K_{33} sur les polymères étudiés, dans le champ proche et le champ lointain du faisceau ultrasonore des transducteurs différents, pour étudier l'influence sur les résultats expérimentaux.

2.6.2.1. Analyse fonctionnelle des systèmes utilisés pour le calibrage de K_{33}

La qualité de conception du support des transducteurs est cruciale pour réaliser des tests de calibrage fiables et pouvoir déterminer correctement les coefficients acoustoélastiques du matériau, et par conséquent les contraintes internes dans les matériaux. Elle doit satisfaire aux contraintes imposées par l'utilisation des capteurs ultrasonores, à la faisabilité des usinages pour une conception simplifiée et à la diminution des coûts de réalisation.

Une approche par analyse fonctionnelle non formalisée, nous a permis d'aboutir à un ensemble de fonctions que doit assurer le capteur. Ces fonctions sont listées ci-dessous.

1. Le calibrage est réalisé sur machine de traction : le montage doit pouvoir fonctionner lorsque l'échantillon est orienté verticalement.
2. Le montage doit permettre le cyclage d'effort imposé par le processus de calibrage.
3. Le montage doit maintenir le transducteur au centre de l'échantillon, et garantir la perpendicularité des transducteurs par rapport à la surface de l'échantillon.

4. Le montage doit autoriser la désolidarisation temporaire et la réadaptation des transducteurs dans des conditions de répétabilité de positionnement imposé par le calibrage.

5. Le montage doit autoriser l'adaptation des deux transducteurs NDT Automation IU5×2 et Olympus Panametrics-NDT V323-SM qui ont des dimensions différentes.

6. L'installation du transducteur NDT Automation IU5×2, doit autoriser le calibrage dans le champ proche du faisceau ultrasonore. Il faut permettre de régler la distance entre la surface d'émission du transducteur et la surface de l'échantillon, afin de trouver la meilleure position offrant un niveau d'énergie maximal des signaux.

7. La distance optimisée trouvée alinéa 6 doit pouvoir être reproduite pour tous les échantillons testés.

8. L'installation du transducteur Olympus Panametrics-NDT V323-SM doit autoriser le calibrage dans le champ lointain du faisceau ultrasonore. Il faut fixer une distance constante (20 mm d'après l'équation 2.5-4b) entre la surface d'émission du transducteur et la surface de l'échantillon.

9. La distance optimisée retenue alinéa 8 doit pouvoir être reproduite pour tous les échantillons testés.

10. L'adaptation du montage sur l'échantillon doit être rapide et répétable.

11. Le montage doit autoriser des échantillons d'épaisseurs différentes, ce qui pourra faciliter de futures recherches (Pour cette phase de recherches, l'épaisseur retenue des échantillons est de 3 mm).

12. Si une force appliquée pour maintenir le capteur en contact avec l'échantillon, la force de serrage doit être réglable, afin de minimiser son influence sur l'état de contrainte de l'échantillon.

13. La force de serrage réglée alinéa 12 doit être appliquée à chaque échantillon.

14. Comme l'eau sera utilisée comme milieu d'incidence des ondes ultrasonores (cf. § 2.8.1), le montage doit permettre l'injection de ce couplant entre la surface d'émission du transducteur et la surface de l'échantillon.

15. Le montage doit assurer la rétention du couplant dans l'espace aménagé entre la surface d'émission du transducteur et la surface de l'échantillon pendant toute la durée du calibrage.

16. Le montage doit permettre de visualiser la situation intérieure du capteur durant toute la durée des manipulations, en vue principalement d'assurer que le trajet de propagation de l'onde est exempt de toute bulle d'air éventuelle, qui pourraient atténuer l'amplitude des ondes ultrasonores.
17. On doit réduire au maximum le poids du montage pour éviter d'appliquer à l'échantillon une flexion parasite induite par la gravité, qui fausserait les mesures de calibrage.
18. Les solutions retenues devront toujours garantir l'usinabilité et dans la mesure du possible envisager des procédés simples.

2.6.2.2. Réalisation des systèmes utilisés pour le calibrage de K_{33}

La conception du montage a été conduite avec le logiciel « SOLIDWORKS ». Fig.2.6-4 montre la conception aboutie du montage, qui est constitué de deux parties indépendantes dont la liaison est assurée par deux vis. Deux axes dans lesquels sont ancrées les vis permettent du réglage de la distance entre les deux supports au moment de l'installation de l'échantillon, afin d'adapter des échantillons d'épaisseurs différentes et de garantir la bonne reproductibilité de la force de serrage.

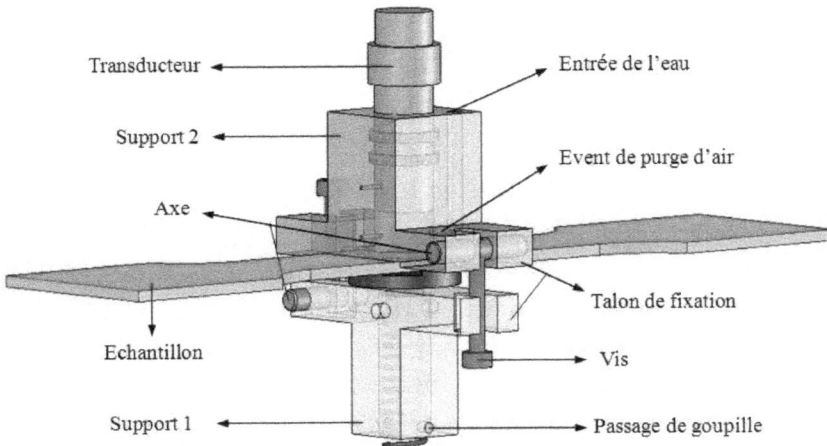

Fig.2.6-4. Montage réalisé pour le calibrage acoustoélastique K33 dans le champ proche (Φ = 0,5 pouce)

Le support 1 permet l'application de la force de serrage réglable et le support 2 reçoit le capteur et permet une alimentation permanente en liquide de couplage durant le calibrage. Pour réduire le poids du système, le montage est compact, par exemple les dimensions des talons de fixation ont été optimisées.

La possibilité d'observer les capteurs lors des manipulations est garanti par le choix du matériau (plexiglas pour les parties principales) qui de plus possède de bonnes caractéristiques d'usinage et permet un polissage fin afin de le rendre totalement transparent.

La vue en coupe (Fig.2.6-5) permet de visualiser la conception interne du montage.

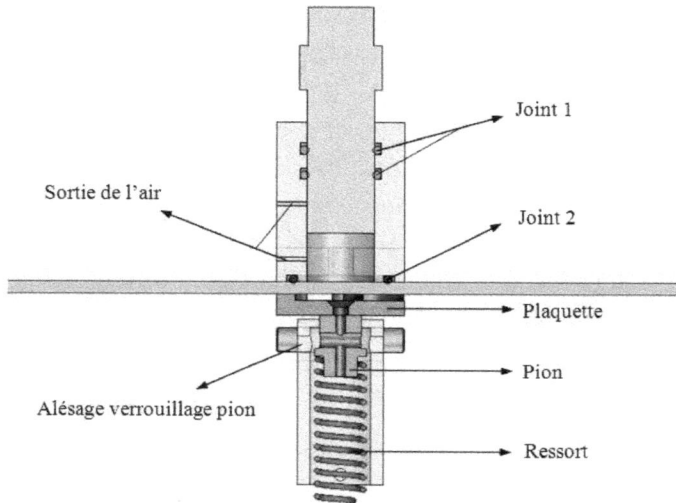

Fig.2.6-5. Vue en coupe du montage

Le support 1 reçoit un ressort dont la fonction est de générer une force de serrage réglable. L'application de l'effort du ressort à l'échantillon est assurée par l'interposition d'un pion et d'une plaquette. La partie centrale de plaquette en vis à vis avec la surface émettrice du transducteur est évidée afin de supprimer tout contact avec l'échantillon, ce qui limite les perturbations de réflexion des ondes dans l'échantillon.

Le support 2 est équipé de deux joints (Joint 1). Ils assurent la fixation du capteur avec démontage possible. Car des mesures par le grand transducteur sont dans le champ proche, les joints 1 permettent de régler et de trouver la distance optimale entre la surface d'émission du capteur et l'échantillon. En plus, ils garantissent la bonne perpendicularité de l'axe du capteur avec la surface de l'échantillon dans les conditions de répétabilité imposés par les essais. Pour cela, la distance entre les deux joints doit être au moins égale au diamètre du transducteur.

Joint 2 fonctionne d'assurer l'étanchéité du système ensemble avec les joints 1. Des évents aménagés en position haute à différentes distances de la surface de l'échantillon garantissent la purge de l'air pour des transducteurs de dimensions différentes.

L'installation d'un transducteur de diamètre différent (Olympus Panametrics-NDT V323-SM, Φ = 0,25 pouce) est réalisée par un adaptateur (Fig.2.6-6). Le diamètre extérieur de l'adaptateur est identique à celui du grand transducteur pour reproduire les conditions de centrage et d'étanchéité du montage. La distance entre la face inférieure de l'adaptateur et la surface de l'échantillon est 20 mm, pour garantir les mesures dans la zone de champ lointain du capteur, qui est placé au le même niveau que l'adaptateur.

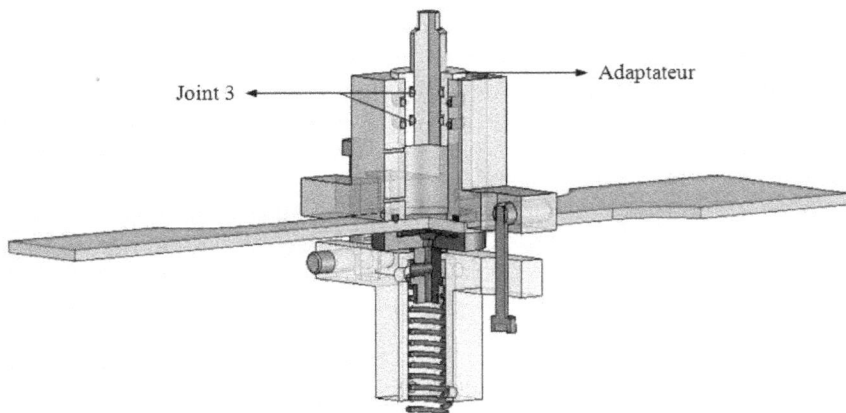

Fig.2.6-6. Montage réalisé pour le calibrage acoustoélastique K_{33} dans le champ lointain (Φ = 0,25 pouce)

2.6.3. Réalisation de l'essai de calibrage AE de K_{33}

On commence les calibrages du coefficient acoustoélastiques K_{33} par les mesures dans le champ lointain du capteur, qui permet de bien s'affranchir de l'influence des perturbations de l'énergie acoustique. On utilise donc le capteur Olympus Panametrics-NDT V323-SM, et la distance entre le capteur et les échantillons est réglée à 20 mm grâce à l'adaptateur. Le montage est présenté à la figure 2.6-7.

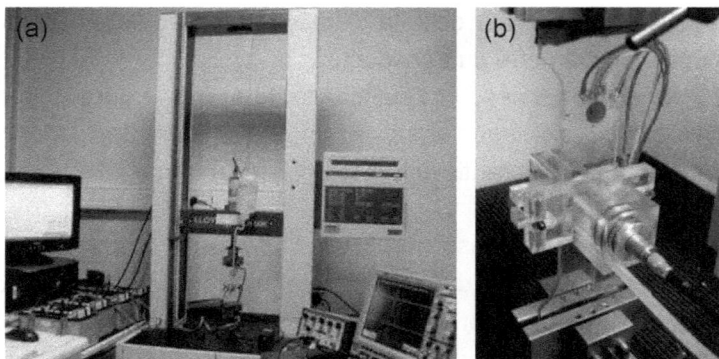

Fig.2.6-7. Système utilisé pour le calibrage de K_{33} dans le champ lointain

Le transducteur V323-SM, émet des ondes ultrasonores dans le sens de l'épaisseur d'échantillon, il est excité par un générateur Sofranel-5052PR. La température ambiante est mesurée par le thermomètre situé à côté du mors en bas de la machine. On la surveille constamment en vue de corriger son influence possible sur les vitesses de propagation de l'onde.

Le processus expérimental respecte celui utilisé lors de mesures mécaniques complémentaires précédentes, la machine est contrôlée en force. On effectue le chargement cyclique par palier dans le domaine élastique du matériau, avec une vitesse de traverse 1mm/min. Lorsque le palier de charge est atteint, on le maintient 2 minutes pour effectuer les mesures ultrasonores. Compte tenu de l'état initial du montage de l'échantillon, ce dernier est affecté inévitablement par de la flexion à cause du poids du support, on commence toujours les mesures ultrasonores à partir du deuxième pas du chargement.

Quant aux dépouillements des données expérimentales, on détermine d'abord le temps de propagation de l'onde dans l'épaisseur de l'échantillon entre les deux premiers échos, t, par la fonction d'intercorrélation. Le temps de propagation initiale t_0 est mesuré quand l'échantillon n'est pas chargé, par conséquent la vitesse initiale V_0 correspond au cas de l'état non contraint. La prise en compte de la variation de l'épaisseur de l'échantillon lors des chargements permet de calculer la variation relative de vitesse de l'onde en fonction du chargement, d'après l'équation 2.6-5.

$$\frac{dV_{ij}}{V_{ij}^0} = \frac{dL}{L_0} - \frac{t-t_0}{t_0} = -\nu\varepsilon - \frac{dt}{t_0} \tag{2.6-5}$$

Finalement, on peut tracer la courbe des variations relatives de vitesse de l'onde en fonction des variations de la charge. D'après l'équation 2.6-6, la pente de la droite est le coefficient acoustoélastique K_{33}.

$$\frac{dV_{33}}{V_{33}^0} = K_{33}d\sigma \qquad (2.6\text{-}6)$$

Ensuite nous refaisons les mesures de calibrage pour vérifier la dépendance des résultats du calibrage acoustoélastique dans le champ proche ou lointain.

Comme il est montré à la figure 2.6-8, le capteur NDT Automation IU5×2 est soutenu directement par son support sans l'adaptateur. La distance entre le capteur et l'échantillon est fixée à environ 10 mm, les essais sont bien entendu réalisés dans le champ proche.

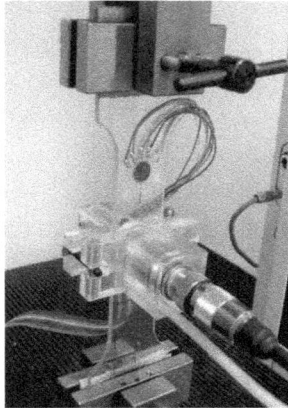

Fig.2.6-8. Système utilisé pour le calibrage de K_{33} dans le champ proche

Afin d'être comparable avec les mesures dans le champ lointain, on utilise les mêmes conditions d'essai ainsi que la même démarche pour le traitement des données expérimentales. Toutes les mesures se sont aussi déroulées en surveillant la température.

2.7. L'effet de la température

Afin d'affranchir les mesures de vitesse de l'influence de la température, on effectue les essais de calibrage en fonction de la température pour tous les matériaux étudiés.

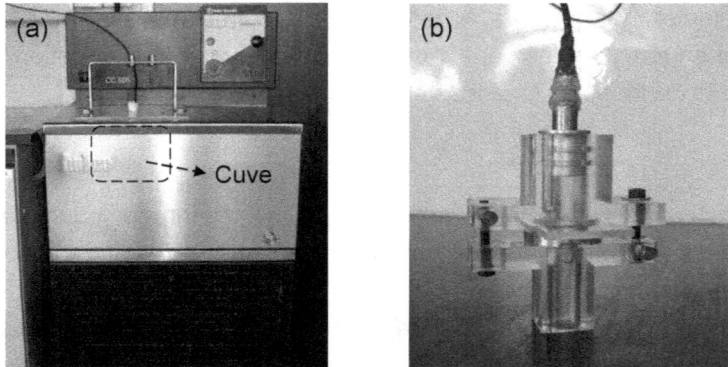

Fig.2.7-1. Système utilisé pour les calibrages en fonction de la température

Les essais ont été réalisés en utilisant un chryothermostat Huber CC505 (Fig.2.7-1a), qui permet de bien contrôler la température de la cuve avec une précision de ± 0,1 °C. A cause de la limite dimensionnelle de la cuve, des échantillons rectangulaires (30×60 mm) ont été découpés au jet d'eau dans les plaques injectées selon la figure 2.7-2. L'échantillon et le capteur sont installés dans le montage de calibrage acoustoélastique conçu pour déterminer K_{33} dans le champ lointain (Fig.2.7-1b), afin d'assurer l'incidence normale des ondes ultrasonores, avec une distance de 20 mm entre eux. Le système est immergé totalement dans la cuve.

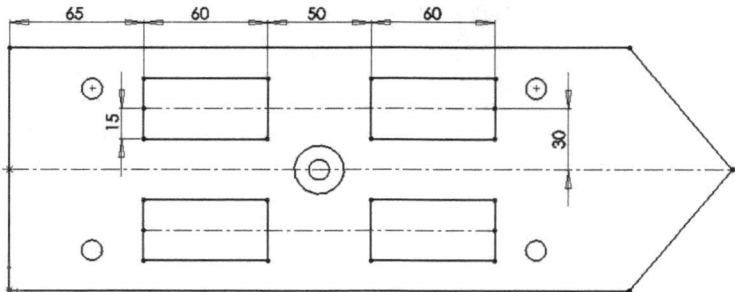

Fig.2.7-2 Plan de découpe des échantillons pour le calibrage de l'effet de la température (unité : mm)

Compte tenu des résultats de Bray [BRA05], sur l'influence de la température sur la vitesse de propagation des ondes dans les polymères, on effectue les mesures de la vitesse de propagation, dans la gamme de la température comprise entre 5 et 35 °C, avec un pas de 5 degrés. Quand la valeur de la température affichée à l'écran de la machine est atteinte, on laisse homogénéiser la température dans la cuve 20 minutes, avant d'effectuer les mesures ultrasonores.

Les variations relatives de la vitesse de l'onde en fonction de la température satisfont les relations linéaires 2.7-1 :

$$\frac{\Delta V}{V^0} = P\Delta T \qquad\qquad (2.7\text{-}1a)$$

$$dV/V^0 = dL/L^0 - dt/t^0 = \eta dT - dt/t^0 \qquad\qquad (2.7\text{-}1b)$$

Où P est le coefficient caractérisant la dépendance en température, η est le coefficient de dilatation thermique, et T indique la température.

On trace les courbes des variations relatives des vitesses de l'onde en fonction de la température. Les pentes des courbes donnent les coefficients de l'effet de la température sur la vitesse de propagation de l'onde.

Puis, en utilisant la Transformée de Fourier des deux premiers échos réfléchis par le fond de l'échantillon, il est possible de visualiser les variations de l'énergie des échos dans le domaine fréquentiel. Selon l'équation 2.5-3, on peut calculer le coefficient d'atténuation du matériau à partir du rapport des amplitudes des échos pour chaque fréquence, contenues dans la bande passante du capteur.

2.8. Calibrage AE de K_{11} des polymères thermoplastiques

L'utilisation de l'onde Lcr pour évaluer les contraintes résiduelles proches de la surface et non moyennées dans toute l'épaisseur de la plaque nécessite également de déterminer le coefficient acoustoélastique K_{11} des différents polymères étudiés.

2.8.1. Principe des capteurs Lcr

D'après la loi de Snell-Descartes (cf. § 1.4.2), pour générer l'onde Lcr qui se propage au voisinage de la surface du polymère, il faut que l'angle d'incidence de l'onde dans le milieu 1 corresponde au premier angle critique. Pour cet angle l'onde longitudinale se réfracte à $\beta = 90°$ dans le matériau, la vitesse dans le milieu doit donc être inférieure à celle des polymères thermoplastiques (2200~2500 m/s) d'après l'équation 2.8-1. C'est pourquoi, il est nécessaire d'utiliser l'eau comme milieu d'incidence.

$$\sin\theta_{1C} = \frac{V_{L1}}{V_{L2}}\sin\beta = \frac{V_{L1}}{V_{poly}}\sin 90° = \frac{V_{L1}}{V_{poly}} < 1 \qquad (2.8\text{-}1)$$

Grâce aux résultats des mesures de vitesse en fonction de la température (cf. § 3.3.1), on peut corriger les vitesses de propagation de l'onde dans les polymères. La vitesse dans l'eau est de 1494 m/s pour une température de 24 °C [BIL93], ce qui permet de calculer les angles d'incidence θ_{1C} permettant de générer l'onde Lcr dans les matériaux étudiés. Ces résultats sont donnés dans Tab.2.8-1 :

Matériaux	PC	PS
Vitesse longitudinale (m/s)	2233	2318
Angle θ_{1C} (degrés)	42	40

Tab.2.8-1. Vitesses et angle d'incidence des ondes Lcr à 24 °C

Le capteur doit être réalisé avec un émetteur et un récepteur indépendants qui émettent sous incidence oblique à l'angle critique θ_{1C} défini pour l'interface eau/polymère, comme montré à la figure 2.8-1. La conception monobloc impose un trajet fixe de l'onde dans le matériau, qui permet de déterminer une variation de vitesse à partir de la variation de temps de vol entre deux états du matériau, contraint et non contraint.

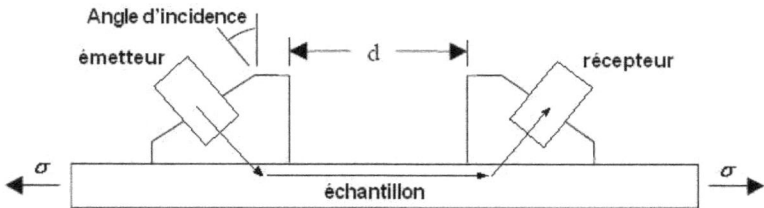

Fig.2.8-1. Schéma de principe du capteur Lcr

Afin d'étendre l'utilisation du capteur Lcr aux différents polymères, on utilisera le champ lointain du transducteur, où le faisceau ultrasonore est divergent et permet de s'adapter à des angles d'incidence légèrement différents.

2.8.2. Conception des montages pour les calibrages AE de K_{11}

2.8.2.1. Analyse fonctionnelle des systèmes utilisés pour le calibrage de K_{11}

Suite à l'expérience de réalisation du montage pour le calibrage de K_{33}, la conception du capteur Lcr pour le calibrage K_{11} a été envisagée et présente un niveau de complexité plus important. Si l'analyse fonctionnelle du montage pour le calibrage de K_{33} reste valable, elle a été complétée par les items suivants :

1. Le nombre de transducteurs à utiliser est trois (1 émetteur et 2 récepteurs).
2. Garantir le bon alignement des trois transducteurs.
3. Les angles d'incidence d'entrée et de sortie de l'onde doivent respecter la loi de Snell-Descartes.
4. Il est décidé de ne retenir qu'une valeur d'angle d'incidence qui servira au calibrage des matériaux PC et PS, en prenant en compte la divergence du faisceau US.
5. La distance entre la surface d'émission du transducteur et la surface de l'échantillon est conservée à 20 mm, afin d'obtenir une émission dans le champ lointain.
6. Libérer l'espace d'émission du faisceau divergent au niveau de l'émetteur ultrasonore dans la zone de champ lointain.
7. La distance entre l'émetteur et les récepteurs doit pouvoir être variable.
8. La distance entre l'émetteur et le premier récepteur doit pouvoir être bornée pour s'affranchir de l'influence de la distance de parcours sur les résultats de calibrage.
9. Bien séparer les trajets de propagation des ondes vers chacun des récepteurs et prévenir leur influence mutuelle.
10. Minimiser la distance entre les deux récepteurs afin de limiter les pertes dues à l'atténuation du signal dans les polymères.
11. Minimiser les parcours de l'onde dans le couplant au niveau des récepteurs, afin d'obtenir le signal le plus énergétique.
12. Assurer une distance identique des deux récepteurs par rapport à la surface de l'échantillon, afin que le temps de réception des signaux puisse être directement associé à la distance de parcours dans l'échantillon ente les récepteurs.

Deux campagnes d'essais ont été réalisées afin de caractériser les points 4 et 8 :

– Mesure de la vitesse de propagation de l'onde dans les échantillons en PC et PS, en fonction de l'angle d'incidence.

– Recherche de la distance minimale d_0 entre l'émetteur et le premier récepteur pour les échantillons en PC et PS.

2.8.2.2. Optimisation du capteur Lcr : angle d'incidence et d_0 entre E/R

Comme le montre la figure 2.8-2, ces mesures sont réalisées sur un matériel équipé d'un système goniométrique qui permet de régler l'angle d'incidence du capteur et d'un pied à coulisse afin de mesurer précisément la distance « d » entre l'émetteur et le récepteur. Les transducteurs Olympus Panametrics-NDT V323-SM sont fixés dans les supports du capteur par les adaptateurs. Tout le système est immergé dans l'eau.

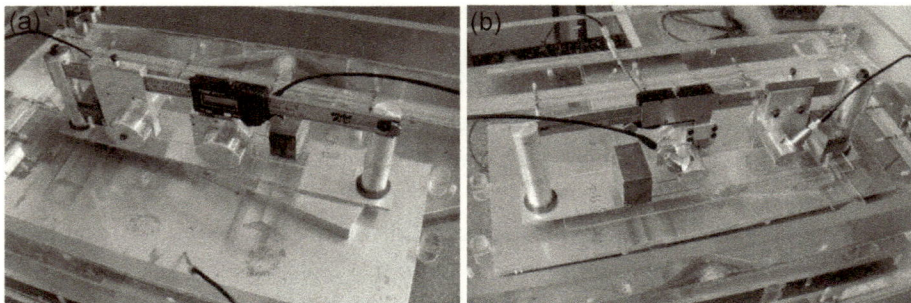

Fig.2.8-2. Système de mesure en fonction de θ et de d

Les éprouvettes rectangulaires (250×55 mm) sont découpées au jet d'eau dans les plaques injectées selon le schéma (Fig.2.8-3). On les met sous les capteurs, avec deux cales en plexiglas en dessous et deux poids métalliques au dessus afin de les maintenir immergées. En réglant la hauteur de l'éprouvette, on règle la distance de propagation de l'onde dans l'eau avant d'atteindre l'échantillon à environ 20 mm. Toutes les mesures se sont déroulées en surveillant la température de l'eau.

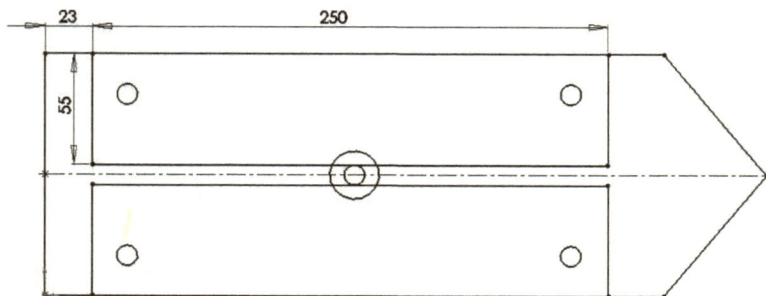

Fig.2.8-3. Plan de découpe des échantillons pour les tests d'optimisation
(unité : mm)

84

Les résultats de vitesse qui vont suivre doivent être considérés comme ceux de la vitesse apparente de l'onde Lcr dans les polymères étudiés. On vérifie l'influence de l'angle d'incidence pour les deux matériaux autour de l'angle calculé précédemment et l'on mesure les variations de la vitesse du mode Lcr en fonction de la distance « d » entre l'émetteur et le récepteur.

L'émetteur est fixé à une position et excité à l'aide d'un générateur Sofranel-5052PR. Pour chaque angle d'incidence, on décale le récepteur avec un pas de 2 mm à l'aide du pied à coulisse, et l'on effectue les mesures de la vitesse de l'onde Lcr.

Les résultats des mesures réalisées sur les éprouvettes en PC et PS sont présentés dans les figures 2.8-4 et 2.8-5 respectivement. L'origine de l'abscisse est égale à la distance initiale entre l'émetteur et le récepteur quand on met les deux supports bout à bout, soit 15 mm.

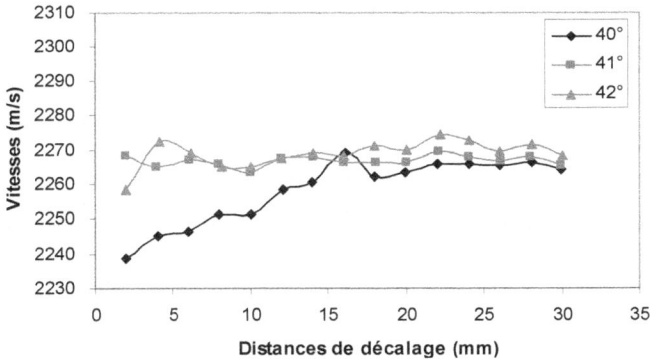

Fig.2.8-4. Vitesses en fonction de d pour les différents angles d'incidence (PC)

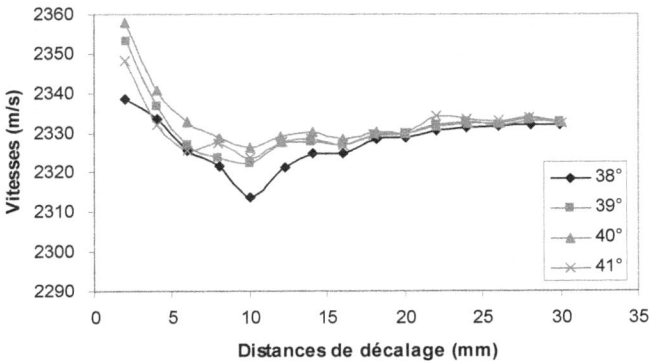

Fig.2.8-5. Vitesse en fonction de d pour les différents angles d'incidence (PS)

Il faut bien respecter les angles d'incidence, mais ils n'affectent pas beaucoup l'allure des courbes dans l'intervalle (PC : 41 ~ 42°, PS : 39 ~ 41°), certainement grâce à la divergence du faisceau ultrasonore dans le champ lointain. La conclusion est concordante avec celle de Bray [BRA06], qui a indiqué que l'on peut négliger un changement faible de l'angle d'incidence, à condition que le capteur ait l'énergie suffisante pour que l'onde atteigne le récepteur. Dans les mesures suivantes, on utilisera toujours l'angle de 41° comme angle d'incidence pour générer et détecter les ondes Lcr.

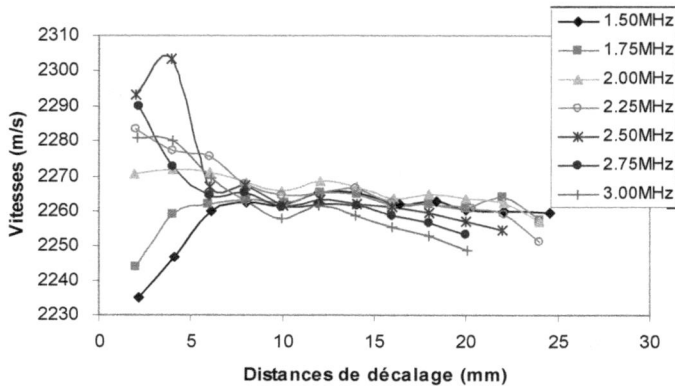

Fig.2.8-6. Variation de la vitesse en fonction de d pour différentes fréquences sur la plaque PC, pour θ = 41°

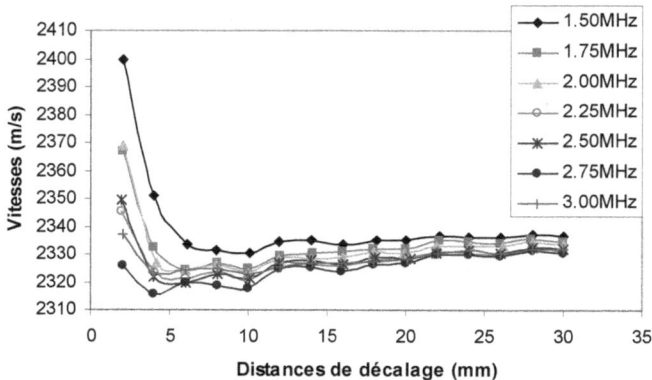

Fig.2.8-7. Variation de la vitesse en fonction de d pour différentes fréquences sur la plaque PS, pour θ = 41°

Ensuite on utilise le générateur Tektronix AFG3021 et on fait les mesures en faisant varier la fréquence de l'impulsion, autour de celle du

86

capteur, entre 1,50 MHz à 3,00 MHz (figures 2.8-6 et 2.8-7). A chaque fréquence, on excite l'émetteur avec une salve de 3 cycles pondérée par une fenêtre de Hanning, et on enregistre les signaux reçus par le récepteur pour les différentes distances. Toutes les mesures sont effectuées à la température de 20,4 °C de l'eau.

Globalement, on trouve que la fréquence de l'onde n'influence pas la tendance de variation des valeurs mesurées de la vitesse de propagation de l'onde Lcr, même si les valeurs absolues peuvent varier légèrement. Au début de chaque courbe, pour des distances d inférieures à 12 mm, les vitesses ne sont pas stables. Ensuite les vitesses tendent à se stabiliser graduellement vers 2265 m/s pour les éprouvettes en PC, et 2330 m/s dans le cas de PS. Les valeurs sont justement un petit peu plus grandes que celles dans le sens de l'épaisseur de la plaque (PC : 2246 m/s, PS : 2325 m/s, calculées d'après les équations issues des mesures de calibrage de la température). Les plaques ne sont pas absolument isotropes, le processus d'injection favorise l'orientation des chaînes moléculaires dans le sens d'écoulement.

Le calcul de la transformée de Fourier des signaux ultrasonores obtenus pour différentes distances, permet de quantifier l'atténuation de l'onde Lcr dans les polymères. Prenant le cas de l'onde à la fréquence 3,00 MHz dans PS (Fig.2.8-8 et Fig.2.8-9), on vérifie que l'atténuation de l'énergie du signal varie de manière similaire à la vitesse de propagation en fonction de la distance de parcours « d », elle devient plus stable après 12 mm.

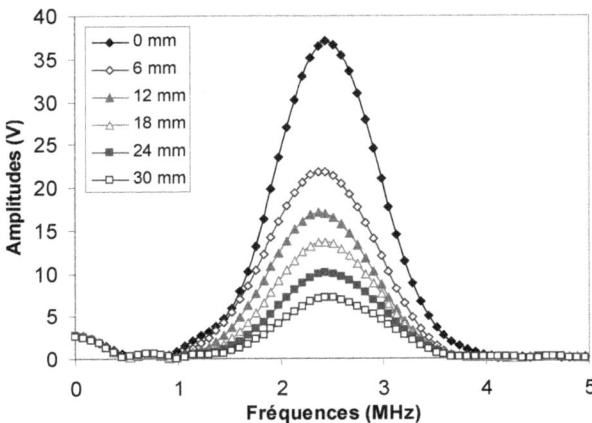

Fig.2.8-8. Variation de l'amplitude en fonction de la distance dans PS

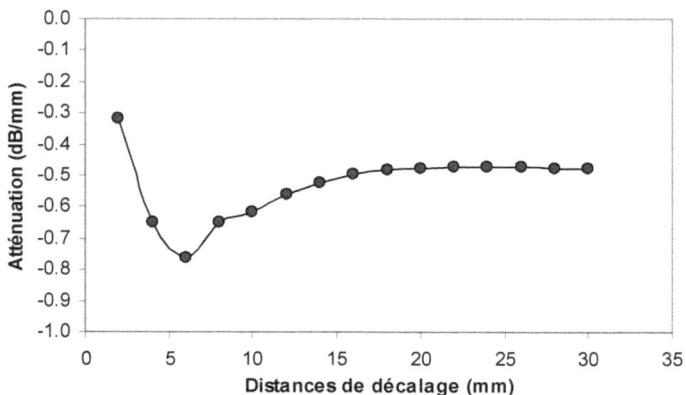

Fig.2.8-9. Evolution de l'atténuation en fonction de la distance dans PS

Compte tenu de la distance initiale (15 mm), la distance entre l'émetteur et le premier récepteur doit être supérieure à 27 mm ce qui est cohérent avec les conclusions de QOZAM [QOZ08] obtenues dans le cas des matériaux métalliques.

2.8.2.3. Réalisation des systèmes utilisés pour le calibrage de K_{11}

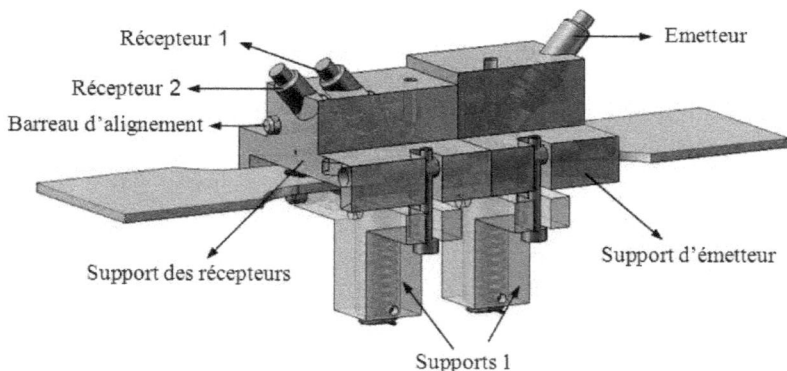

Fig.2.8-10. Montage réalisé pour le calibrage acoustoélastique de K_{11}

Le dispositif réalisé pour le calibrage acoustoélastique K_{11} est présenté ci dessus (Fig.2.8-10). Il est composé de deux montages indépendants, l'un pour l'émetteur (E) et l'autre pour les deux récepteurs R1 et R2. Quand on met les deux blocs en contact, la distance entre l'émetteur et le premier récepteur est de 28 mm, ce qui permet d'éviter l'influence de la distance de propagation sur la vitesse de l'onde mesurée. Un barreau qui traverse les deux supports dans la partie supérieure, assure l'alignement des trois capteurs.

La conception principale s'inspire également de celle utilisée pour le capteur servant au calibrage de K_{33}, surtout le montage de serrage et le choix des joints. Les pièces principales sont aussi réalisées en plexiglas pour pouvoir visualiser l'état du couplage lors des manipulations. Les parties du serrage en partie inférieure à la figure 2.8-11, fournissent la force de poussée, et sont complétées par des joints qui garantissent l'étanchéité du montage.

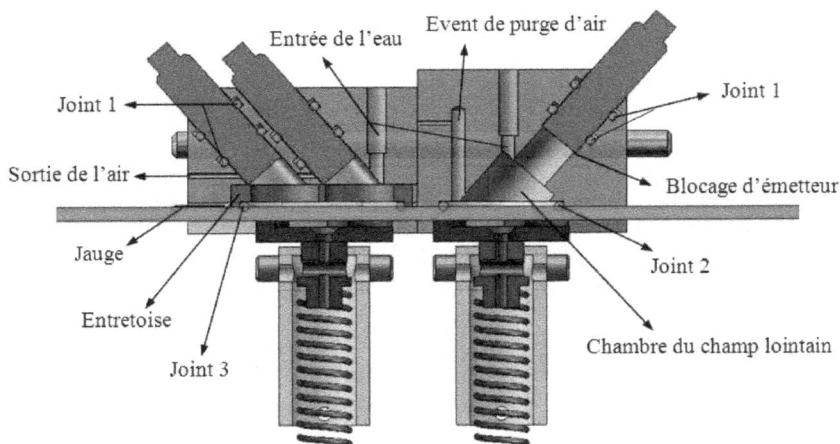

Fig.2.8-11. Coupe du montage réalisé pour le calibrage AE de K_{11}

Les parties supérieures, qui servent à maintenir les capteurs, respectent les paramètres déterminés précédemment. L'angle d'incidence des transducteurs est fixé à 41°. Pour le support de l'émetteur, la distance du parcours de l'onde avant d'atteindre l'échantillon est fixée à 20 mm, ce qui assure à l'onde Lcr de se propager dans le champ lointain. L'orifice à la fin du trajet est évasé afin de permettre l'ouverture du faisceau dès son arrivée dans le champ lointain.

Les deux récepteurs R1 et R2 sont bien alignés, leur distance est au minimum de 16,5 mm afin de récupérer un maximum d'énergie pour le deuxième récepteur. L'entretoise en dessous garantit aux deux récepteurs d'être au même niveau par rapport la surface de l'échantillon. Les deux chambres indépendantes dans l'entretoise permettent de bien isoler des ondes sorties vers chacun des récepteurs.

2.8.3. Réalisation de l'essai de calibrage AE de K_{11}

Nous réalisons l'essai de traction aussi sur la machine LLOYD-LR-50K. Comme le montre la figure 2.8-12, les trois transducteurs (Olympus Panametrics-NDT V323-SM) fixés dans les deux supports indépendants sont installés dans la zone centrale des échantillons. L'eau servant de milieu d'incidence est injectée dans l'espace entre les transducteurs et l'échantillon par deux tuyaux extérieurs. La température ambiante est toujours surveillée afin de corriger son influence.

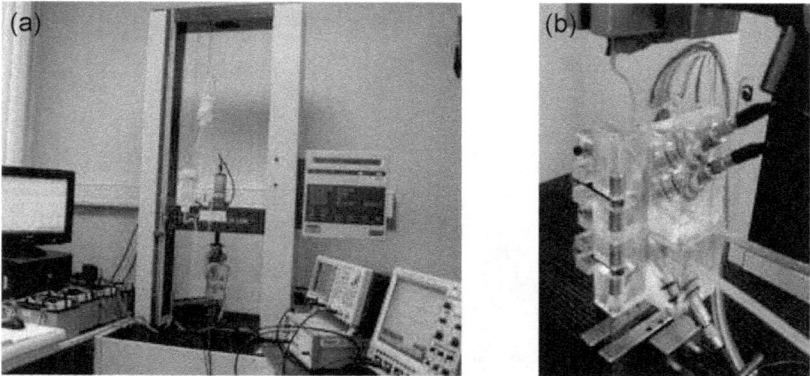

Fig.2.8-12. Essai de calibrage de K_{11}

Trois échantillons de chaque matériau sont préparés afin de vérifier la reproductibilité des résultats. Le processus expérimental ressemble à celui de calibrage de K_{33}. En respectant les limites d'élasticité des matériaux déterminées précédemment, on effectue le chargement cyclique par paliers dans le domaine élastique du matériau, avec une vitesse de traverse de 1 mm/min. Les paliers de charge, sont maintenus 2 minutes pour effectuer les mesures ultrasonores. Les signaux sont moyennés sur 256 acquisitions et sauvegardés dans l'ordinateur.

On effectue toujours les mesures ultrasonores à partir du deuxième cycle de chargement pour lequel le comportement mécanique des polymères est plus stable. Compte tenu du poids des supports et des transducteurs, l'échantillon est inévitablement soumis à une contrainte de flexion au début du chargement, ce qui oblige aussi à commencer les mesures après le premier pas du chargement.

On considère toujours le temps de propagation de l'onde Lcr dans l'échantillon entre les deux récepteurs R1 et R2. Parce qu'ils sont fixés dans le même bloc, leur distance reste constante au cours du processus du chargement. On peut donc calculer directement la variation relative de la vitesse de propagation de l'onde à partir de l'équation suivante :

$$\frac{dV_{11}}{V_{11}^0} = -\frac{dt}{t_0} \tag{2.8-2}$$

Avec : t_0, qui correspond au temps de parcours mesuré pour l'état non chargé.

D'après l'équation ci-dessus, la pente de la courbe représentant des variations relatives de vitesse de l'onde en fonction des variations de la contrainte σ permet de déterminer le coefficient acoustoélastique K_{11} :

$$\frac{dV_{11}}{V_{11}^0} = K_{11}d\sigma \tag{2.8-3}$$

2.9. Cartographie US des contraintes internes moyennes

Le cartographie de la vitesse de propagation des ondes longitudinales propagée dans l'épaisseur de la plaque permet d'estimer la distribution des contraintes internes moyennes dans l'épaisseur de la plaque. Cette méthode est la plus facile à mettre en œuvre, et n'entraîne pas de problème d'alignement des transducteurs.

2.9.1. Protocole expérimental de la cartographie US

Les essais de cartographie ultrasonore, appelé aussi C-Scan, sont réalisés à l'aide du système fabriqué par « Euro Physical Acoustics ». Il permet de déplacer le capteur dans le plan (x, y) avec un pas constant contrôlé par les moteurs des tables de déplacement « Microcontrôle » après avoir réglé la distance « z » au-dessus de la pièce.

Les mesures ont été effectuées sur les même plaques en PC et PS que celles mesurées par la photoélasticimétrie. La figure 2.9-1 montre le système C-Scan. On immerge le transducteur et la plaque dans l'eau. Deux cales identiques en V en plexiglas sont mises en dessous de la plaque afin d'éviter le contact entre le fond de la cuve et la plaque, ce qui peut affecter la réflexion de l'onde. Deux poids sont posés aux extrémités de la plaque, après les appuis afin d'assurer l'immersion de la plaque. Le parallélisme du système par rapport à la table est réglé par deux vis micrométriques en dessous de la cuve.

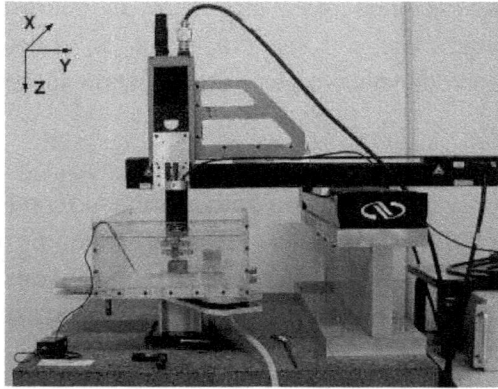

Fig.2.9-1. C-Scan pour cartographie de vitesse

Le capteur focalisé (NDT Automation IU5×2-2.5) est utilisé, il est excité grâce à une carte numérique (IPR-AD-1210 -E.P.A.) insérée dans l'ordinateur. Dans un premier temps on descend le capteur dans l'eau, afin de régler finement la distance focale à la surface de la plaque afin d'obtenir le meilleur signal. Ensuite, on réalise la cartographie selon le plan pré-tracé sur la plaque carré par carré, ligne par ligne (cf. Fig.2.2-2). Pour chaque point de mesure, on effectue les mesures du temps de propagation par la méthode « Pulse Echo » (cf. § 2.6.1) et l'on enregistre le signal moyenné sur 256 acquisitions. Tous les essais se sont déroulés en salle climatisée afin de bien contrôler la température ambiante et les mesures se sont déroulées en surveillant la température de l'eau.

Ayant mesuré l'épaisseur locale de la plaque, on peut caractériser les éprouvettes en vitesse de propagation de l'onde ultrasonore à chaque point de mesure en utilisant l'équation 2.9-1.

$$V_{33} = \frac{2e}{\Delta t} = \frac{2e}{t_{écho3} - t_{écho2}} \qquad (2.9\text{-}1)$$

Parce que l'effet acoustoélastique obéit aux lois de l'élasticité, la vitesse de propagation de l'onde ultrasonore dans le sens d'épaisseur est affectée par les deux contraintes principales σ_1 et σ_2, de la plaque soumise à un état plan de contrainte.

$$\sigma_s = \sigma_1 + \sigma_2 = \frac{1}{K_{33}}\left(\frac{V_{33} - V_{33}^0}{V_{33}^0} - P(T - T_0)\right) \qquad (2.9\text{-}2)$$

La cartographie de vitesse ultrasonore décrite précédemment permet d'obtenir une estimation de la somme algébrique des contraintes principales moyennes dans l'épaisseur de la plaque après correction de l'influence de la température. Bien entendu, les coefficients acoustoélastiques K_{33} et les coefficients de la température P déterminés précédemment sont utilisés pour calculer les valeurs de ces contraintes moyennes. T et T_0 sont les températures au moment où l'on effectue les mesures de V_{33} et $V_{33}{}^0$. Les résultats seront validés par comparaison avec les estimations obtenues par photoélasticité.

2.9.2. Mesures d'épaisseur

Pour calculer la vitesse de propagation de l'onde ultrasonore suivant la direction de l'épaisseur, il faut encore préciser l'épaisseur de chaque point de mesure. La difficulté principale est de déterminer ce paramètre avec une précision suffisante. On pourrait réaliser les mesures automatiquement en utilisant une machine à mesurer tridimensionnelle, qui détermine les coordonnées des points centraux de chaque carré sur la plaque en recto et verso. Mais ce système est assez contraignant en temps d'utilisation, il effectue une mesure à partir d'une pointe dont la taille est petite par rapport au diamètre des transducteurs. Les mesures ont donc été effectuées à l'aide d'un « palmer » spécial (Fig.2.9-2), qui permet de réaliser les mesures au centre des carrés sur toute la zone de la plaque avec une incertitude de ± 0,005 mm.

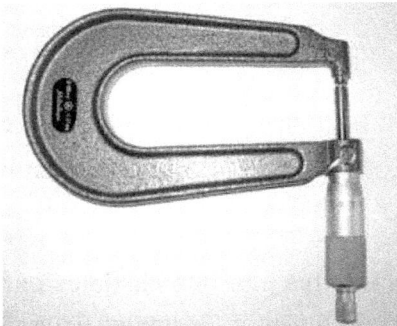

Fig.2.9-2 Palmer utilisé pour la mesure des épaisseurs

2.9.3. Estimation de l'erreur de mesure

Considérons une variable Y fonction de plusieurs grandeurs : $Y = f(X_1, X_2, ..., X_k)$, où X_i ayant pour valeur moyenne μ_i et σ_i étant la dispersion associée à la détermination de X_i. D'une manière générale, la variance de Y, notée $V[Y]$ peut être écrite sous la forme suivante :

$$V[Y] = \sum_{j=1}^{k} \left(\frac{\partial Y}{\partial X_j} \right)^2_{X=\mu} \cdot V[X_j] + 2 \sum_{j=1}^{k} \sum_{1<j}^{k} \left(\frac{\partial Y}{\partial X_j} \right) \left(\frac{\partial Y}{\partial X_1} \right)_{X=\mu} \cdot \text{cov}[X_j, X_1] \quad (2.9\text{-}3)$$

Si l'on suppose que les grandeurs X_i sont indépendantes deux à deux, alors : $\text{cov}[X_j, X_i] = 0$. La variance $V[Y]$ peut alors s'écrire sous la forme :

$$V[Y] = \sum_{j=1}^{k} \left(\frac{\partial Y}{\partial X_j} \right)^2_{X=\mu} \cdot V[X_j] \quad (2.9\text{-}4)$$

A partir de la variance de σ_s, $V[\sigma_s]$, on peut estimer l'erreur sur la somme des contraintes principales déterminée par la méthode du C-Scan. Au total, σ_s dépend de 8 variables : le coefficient acoustoélastique K_{33}, le coefficient de la température P, l'épaisseur locale e, le temps de parcours de chaque point de mesure t, et la température lors des mesures T, ces variables correspondant aux valeurs e_0, t_0 et T_0 quand σ_s est nulle. En supposant que les mesures sur ces trois variables ont la même variance, soit $V[e_0] = V[e]$, $V[t_0] = V[t]$, $V[T_0] = V[T]$, on peut écrire $V[\sigma_s]$ selon l'expression suivante :

$$V[\sigma_s] = \left(\frac{\partial \sigma_s}{\partial K_{33}} \right)^2 V[K_{33}] + \left(\frac{\partial \sigma_s}{\partial e} \right)^2 V[e] + \left(\frac{\partial \sigma_s}{\partial e_0} \right)^2 V[e_0] + \left(\frac{\partial \sigma_s}{\partial t} \right)^2 V[t] + \left(\frac{\partial \sigma_s}{\partial t_0} \right)^2 V[t_0]$$

$$+ \left(\frac{\partial \sigma_s}{\partial P} \right)^2 V[P] + \left(\frac{\partial \sigma_s}{\partial T} \right)^2 V[T] + \left(\frac{\partial \sigma_s}{\partial T_0} \right)^2 V[T_0] \quad (2.9\text{-}5)$$

$$= \left(\frac{\sigma_s}{K_{33}} \right)^2 V[K_{33}] + \frac{2}{(K_{33} e_0)^2} V[e_0] + \frac{2}{(K_{33} t)^2} V[t] + \left(\frac{dT}{K_{33}} \right)^2 V[P] + 2 \left(\frac{P}{K_{33}} \right)^2 V[T]$$

L'erreur associée à la grandeur σ_s est calculée à partir de $V[\sigma_s]$, elle est égale à : $\pm 2\sqrt{V[\sigma_s]}$, où $\sqrt{V[\sigma_s]} = ET[\sigma_s]$ correspond à l'écart type sur la valeur de σ_s.

2.10. Mesures des contraintes internes biaxiales par US

En comparant avec les mesures moyennes dans l'épaisseur de la plaque, on utilisera l'onde Lcr pour donner les estimations séparées des composantes des contraintes biaxiales à la surface de la plaque. Compte tenu que l'onde longitudinale qui se propage parallèlement à la direction de chargement est la plus sensible au niveau de l'effet acoustoélastique, les mesures doivent se faire dans les orientations approximatives des contraintes principales de la pièce, ce qu'on connaît souvent dans le cas industriel.

2.10.1. Conception et réalisation du capteur Lcr in situ

La conception des capteurs et des montages pour les mesures dans le plan utilisant l'onde Lcr doit conserver les principes du capteur présenté précédemment (calibrage K_{11}) et permettre de se placer dans les conditions expérimentales. L'essai sera réalisé en immersion complète dans l'eau, ce qui élimine tout problème d'étanchéité, permettant une solution plus simple de la conception.

Le système retenu (Fig.2.10-1) comprend trois parties : un bloc émetteur, un bloc de deux récepteurs, et une règle les reliant. La forme extérieure du montage est simplifiée, plus compacte afin de faciliter l'usinage et d'éviter d'appliquer à la plaque une flexion parasite induite par son poids.

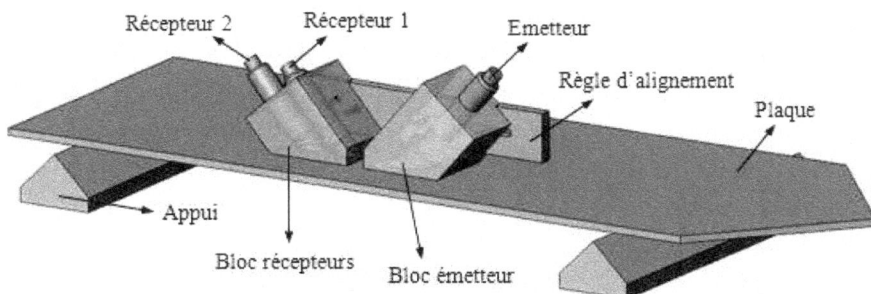

Fig.2.10-1. Capteur Lcr pour mesures in situ

Tout en permettant le coulissement des blocs, la règle sert à aligner et à fixer la position des deux supports et par conséquent des transducteurs. Le réglage de distance entre émetteur et récepteurs a été conservé, pour pouvoir atteindre deux objectifs principaux :

− Remettre le capteur Lcr dans les mêmes conditions de distance que le capteur ayant servi au calibrage acoustoélastique de K_{11}.

− Réaliser des mesures comparatives avec des distances différentes, ce qui est envisagées pour les futures recherches.

95

La conception intérieure des supports (Fig.2.10-2) est semblable à celle des supports du capteur utilisé pour le calibrage de K_{11}. A l'intérieur du bloc contenant les deux récepteurs, les blocages de récepteur remplacent l'entretoise et garantissent la distance identique entre les récepteurs et la face de l'échantillon. Un trou taraudé pour chaque récepteur reçoit une vis de fixation en vue de bien assurer leurs positions relatives.

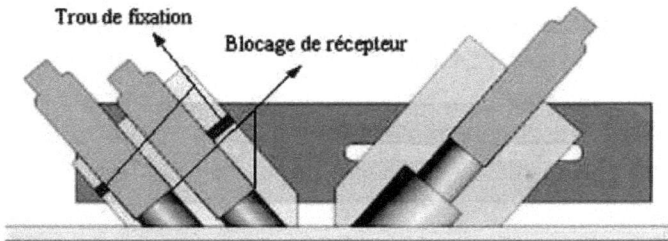

Fig.2.10-2. Coupe du capteur Lcr pour mesures in situ

2.10.2. Protocole expérimental des mesures Lcr

Afin de réaliser la détermination des contraintes résiduelles biaxiales à la surface des plaques injectées en polymère PC et PS, on utilise les ondes Lcr à l'aide du capteur décrit précédemment.

On immerge le système dans l'eau comme il est montré à la figure 2.10-3, la distance entre l'émetteur et le premier récepteur est réglée à 28 mm (§ 2.8.2.3) aussi. La plaque testée est posée sur deux cales en V en plexiglas et trois poids métalliques posés sur la plaque lui permettent de rester immergée.

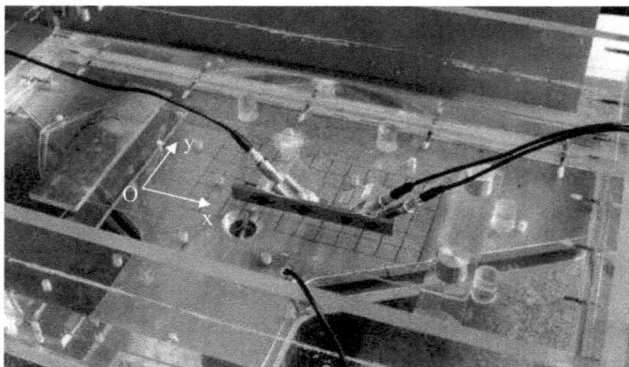

Fig.2.10-3. Mesure des contraintes biaxiales avec le capteur Lcr

96

Compte tenu que les directions principales des contraintes résiduelles des plaques correspondent aux directions parallèles et perpendiculaires à la direction de l'écoulement de l'injection, on sait que elles sont presque identiques avec les axes du repère Oxy pour la plupart des zones étudiées, qui est prouvé par des résultats de photoélasticimétrie (cf. § 3.4.1). On effectue les mesures des temps de parcours de l'onde Lcr entre les deux récepteurs suivant les axes Ox et Oy respectivement, pour chaque point de mesure sur les plaques (cf. Fig.2.2-2). Les carrés pré-tracés sur les plaques sont utilisés afin de positionner les capteurs et la température de l'eau est relevée lors des mesures.

Les temps de référence correspondant à l'état de contrainte nulle dans les deux directions sont déterminés sur les échantillons détensionnés (pour PC T = 130 °C, 24 h ; pour PS T = 75 °C, 24 h).

2.10.3. Méthode de détermination des contraintes avec l'onde Lcr

Les plaques PC et PS qui ont été fabriquées sont soumises à un état plan de contrainte. A cause de la superposition de l'effet acoustoélastique, les variations relatives de la vitesse des ondes Lcr sont affectées par les deux composantes principales des contraintes résiduelles σ_1 et σ_2, dans le plan de propagation, d'après les équations 2.10-1 :

$$\frac{dV_{11}}{V_{11}^0} = K_{11}\sigma_1 + K_{22}\sigma_2 \qquad (2.10\text{-}1a)$$

$$\frac{dV_{22}}{V_{22}^0} = K_{22}\sigma_1 + K_{11}\sigma_2 \qquad (2.10\text{-}1b)$$

Où les vitesses initiales à contrainte nulle dans les deux directions sont respectivement V_{11}^0 et V_{22}^0, qui sont différentes pour le milieu de propagation anisotrope. Ces variations relatives de vitesse se déterminent à partir d'une mesure en propageant l'onde Lcr dans chacune des deux directions.

Dans notre cas, on peut prendre les valeurs suivant les directions des axes Ox et Oy comme les valeurs approximatives de contraintes principales et négliger les influences des contraintes de cisaillement qui sont faibles sur l'effet AE. Après la correction de l'influence de la température, les équations s'expriment de la manière suivante :

$$K_{11}\sigma_x + K_{22}\sigma_y \approx \frac{dV_x}{V_x^0} - P\left(T_x - T_x^0\right) \qquad (2.10\text{-}2a)$$

$$K_{22}\sigma_x + K_{11}\sigma_y \approx \frac{dV_y}{V_y^0} - P\left(T_y - T_y^0\right)$$ (2.10-2b)

Où T_x et T_x^0 sont les températures de l'eau au moment où l'on effectue les mesures de V_x et V_x^0. T_y et T_y^0 sont les températures lors des mesures dans le sens Oy.

Comme les distances relatives entre les deux récepteurs ne changent pas, les mesures des variations relatives de la vitesse de l'onde entre les deux récepteurs peuvent se calculer via la variation relative de temps de propagation de l'onde.

$$\frac{dV_x}{V_x^0} = -\frac{dt_x}{t_x^0}$$ (2.10-3a)

$$\frac{dV_y}{V_y^0} = -\frac{dt_y}{t_y^0}$$ (2.10-3b)

Où t_x^0 et t_y^0 sont les temps de propagation de l'onde entre les deux récepteurs à contrainte nulle. Ils sont différents en raison de l'anisotropie induite par les chaînes moléculaires qui sont orientées dans la direction de l'écoulement d'injection, soit le sens de l'axe Ox.

En introduisent les équations 2.10-3 dans 2.10-2, on peut obtenir les estimations indépendantes des composantes des contraintes données par les mesures Lcr selon les équations 2.10-4 pour chaque point de mesure.

$$\sigma_x \approx \left(K_{22}\frac{dt_y}{t_y^0} - K_{11}\frac{dt_x}{t_x^0} + P\left(K_{22}dT_y - K_{11}dT_x\right) \right) \Big/ \left(K_{11}^2 - K_{22}^2\right)$$ (2.10-4a)

$$\sigma_y \approx \left(K_{22}\frac{dt_x}{t_x^0} - K_{11}\frac{dt_y}{t_y^0} + P\left(K_{22}dT_x - K_{11}dT_y\right) \right) \Big/ \left(K_{11}^2 - K_{22}^2\right)$$ (2.10-4b)

2.10.4. Estimation de l'erreur sur la détermination de σ_x et σ_y

Pour estimer des erreurs sur les résultats déterminés par la méthode Lcr, on utilise la même méthode que celle utilisée pour les mesures C-Scan (cf. § 2.9.3). Ici, Il y a 11 variables à mesurer : les coefficients acoustoélastiques K_{11} et K_{22}, le coefficient de la température P, les temps de parcours suivants les deux sens Ox et Oy pour chaque point de mesure t_x et t_y, et les températures lors des mesures T_x et T_y, ainsi que ces variables lorsque la contrainte est nulle suivant les deux sens t_x^0, t_y^0, T_x^0 et T_y^0. En supposant la même règle, on a $V[t_x^0] = V[t_x]$, $V[t_y^0] = V[t_y]$, $V[T_x^0] = V[T_y^0] = V[T_x] = V[T_y]$. Les équations finales sont présentées ci dessous :

$$V[\sigma_x] = \left(\frac{\partial \sigma_x}{\partial K_{11}}\right)^2 V[K_{11}] + \left(\frac{\partial \sigma_x}{\partial K_{22}}\right)^2 V[K_{22}] + \left(\frac{\partial \sigma_x}{\partial t_x}\right)^2 V[t_x] + \left(\frac{\partial \sigma_x}{\partial t_x^0}\right)^2 V[t_x^0] + \left(\frac{\partial \sigma_x}{\partial t_y}\right)^2 V[t_y]$$

$$+ \left(\frac{\partial \sigma_x}{\partial t_y^0}\right)^2 V[t_y^0] + \left(\frac{\partial \sigma_x}{\partial P}\right)^2 V[P] + \left(\frac{\partial \sigma_x}{\partial T_x}\right)^2 V[T_x] + \left(\frac{\partial \sigma_x}{\partial T_x^0}\right)^2 V[T_x^0] + \left(\frac{\partial \sigma_x}{\partial T_y}\right)^2 V[T_y] + \left(\frac{\partial \sigma_x}{\partial T_y^0}\right)^2 V[T_y^0] \quad (2.10\text{-}5)$$

$$= \frac{1}{\left(K_{11}^2 - K_{22}^2\right)^2} \left[\begin{array}{l} (K_{22}\sigma_y - K_{11}\sigma_x)^2 V[K_{11}] + (K_{22}\sigma_x - K_{11}\sigma_y)^2 V[K_{22}] + 2(\frac{K_{11}}{t_x^0})^2 V[t_x^0] \\ + 2(\frac{K_{22}}{t_y^0})^2 V[t_y^0] + (K_{22}dT_y - K_{11}dT_x)^2 V[P] + 2P^2 \left(K_{11}^2 + K_{22}^2\right) V[T_x] \end{array} \right]$$

$$V[\sigma_y] = \left(\frac{\partial \sigma_y}{\partial K_{11}}\right)^2 V[K_{11}] + \left(\frac{\partial \sigma_y}{\partial K_{22}}\right)^2 V[K_{22}] + \left(\frac{\partial \sigma_y}{\partial t_x}\right)^2 V[t_x] + \left(\frac{\partial \sigma_y}{\partial t_x^0}\right)^2 V[t_x^0] + \left(\frac{\partial \sigma_y}{\partial t_y}\right)^2 V[t_y]$$

$$+ \left(\frac{\partial \sigma_y}{\partial t_y^0}\right)^2 V[t_y^0] + \left(\frac{\partial \sigma_y}{\partial P}\right)^2 V[P] + \left(\frac{\partial \sigma_y}{\partial T_x}\right)^2 V[T_x] + \left(\frac{\partial \sigma_y}{\partial T_x^0}\right)^2 V[T_x^0] + \left(\frac{\partial \sigma_y}{\partial T_y}\right)^2 V[T_y] + \left(\frac{\partial \sigma_y}{\partial T_y^0}\right)^2 V[T_y^0] \quad (2.10\text{-}6)$$

$$= \frac{1}{\left(K_{11}^2 - K_{22}^2\right)^2} \left[\begin{array}{l} (K_{22}\sigma_x - K_{11}\sigma_y)^2 V[K_{11}] + (K_{22}\sigma_y - K_{11}\sigma_x)^2 V[K_{22}] + 2(\frac{K_{22}}{t_x^0})^2 V[t_x^0] \\ + 2(\frac{K_{11}}{t_y^0})^2 V[t_y^0] + (K_{22}dT_x - K_{11}dT_y)^2 V[P]^2 + 2P^2 \left(K_{11}^2 + K_{22}^2\right) V[T_x]^2 \end{array} \right]$$

2.11. Conclusion

Les caractérisations mécaniques des polymères amorphes PC et PS traduisent des comportements élastiques légèrement différents, qui ont de faibles conséquences sur les propriétés acoustiques, notamment sur la vitesse de propagation de l'onde US.

La méthode de photoélasticimétrie est ici utilisée comme méthode de référence, elle nous permettra de vérifier les contraintes moyennes dans l'épaisseur des plaque, provenant de cartographies de vitesses ultrasonores.

Les montages développés pour la partie ultrasonore nous permettent de réaliser correctement les expérimentations de calibrage de l'effet acoustoélastique (K_{33} et K_{11}) pour les modes V_{33} et V_{11}. Tous ces essais seront effectués dans le domaine élastique des polymères en effectuant un cycle de chargement-déchargement sur chaque éprouvette avant la réalisation du calibrage acoustoélastique. En plus, le système utilisé pour le calibrage de K_{33} nous permet de corriger l'influence de la température sur la vitesse de propagation des ondes dans les polymères.

En ce qui concerne l'utilisation de l'onde Lcr, la détermination expérimentale de l'angle d'incidence et de la distance nécessaire entre l'émetteur et le récepteur nous permet d'optimiser la conception des montages de calibrage et des capteurs Lcr. La détermination des contraintes résiduelles σ_x et σ_y à la surface des plaques polymères sera effectuée avec le capteur Lcr décrit précédemment.

Le chapitre suivant présente les résultats expérimentaux obtenus sur les deux polymères étudiés.

3.1. Introduction

Ce chapitre est consacré à l'analyse des résultats expérimentaux, concernant l'évaluation des contraintes internes dans les plaques de polymères thermoplastiques par méthodes ultrasonore et photoélastique. L'utilisation d'ondes longitudinales de volume permettra l'évaluation de la somme des contraintes principales moyennes dans l'épaisseur ; celle d'ondes Lcr, sera consacrée à leur évaluation séparées dans le plan, et dans une épaisseur plus réduite.

Dans un premier temps, nous vérifierons la possibilité de générer une onde Lcr dans une plaque thermoplastique de 3 mm d'épaisseur. Puis, nous présenterons les résultats des essais de calibrage pour les différents types de matériaux étudiés, en vue de déterminer les coefficients acoustoélastiques et de caractériser la dépendance de la vitesse de propagation des ondes longitudinales en fonction de la température. La variation de l'atténuation des ondes lors des changements de la température sera également étudiée.

Ensuite nous présenterons les résultats obtenus par la méthode de photoélasticimétrie en ce qui concerne les plaques en polymère PC et PS. Puis, nous effectuerons l'analyse des résultats des mesures obtenues par les ondes ultrasonores longitudinales de volume et les ondes Lcr, en la comparant à celles obtenues par la méthode de photoélasticimétrie.

La fin de ce chapitre sera consacrée à l'estimation des contraintes résiduelles dans les nouvelles séries de plaques en PC et PS, en utilisant les ondes Lcr aux fréquences différentes.

3.2. La caractérisation de l'effet acoustoélastique

3.2.1. Validation du mode Lcr dans les plaques de 3 mm

Dans un premier temps, nous allons nous assurer qu'il est bien possible de propager une onde Lcr dans une plaque de PC ou PS de 3 mm d'épaisseur immergée dans l'eau. Nous allons pour cela effectuer le calcul du coefficient de réflexion $R(\theta, f)$, où θ est l'angle d'incidence dans le milieu liquide et f la fréquence de l'onde. La figure 3.2-1 présente les résultats dans le cas de PC. En toute rigueur, ce calcul ne permet pas de déterminer les vitesses exactes des différents modes, puisque la rupture d'impédance entre l'eau et le polymère est faible.

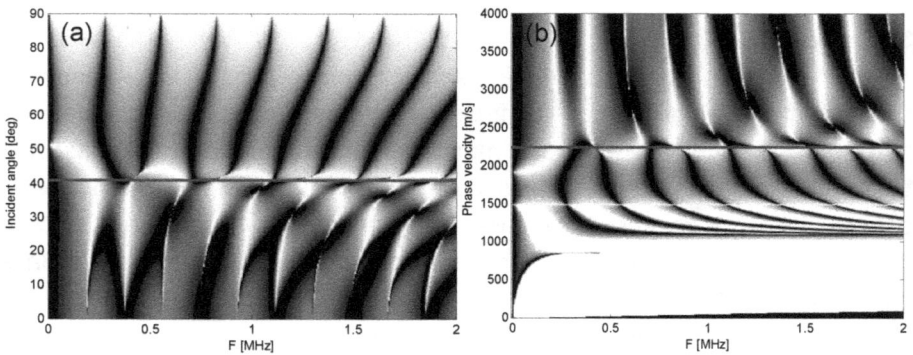

Fig.3.2-1. Calcul du coefficient R(θ, f) d'une plaque de 3 mm en PC
a) le module de R(θ, f), b) les vitesses de phase associées

Le calcul montre que les différentes composantes appartenant à la bande passante du capteur 2,25 MHz utilisé convergent vers le même palier, l'on retrouve bien un angle d'environ 41° correspondant au 1er angle critique, qui permet de générer l'onde Lcr (Fig.3.2-1a). A la figure 3.2-1b, la vitesse de phase tend vers une vitesse d'environ 2250 m/s, correspondant à celle de l'onde longitudinale.

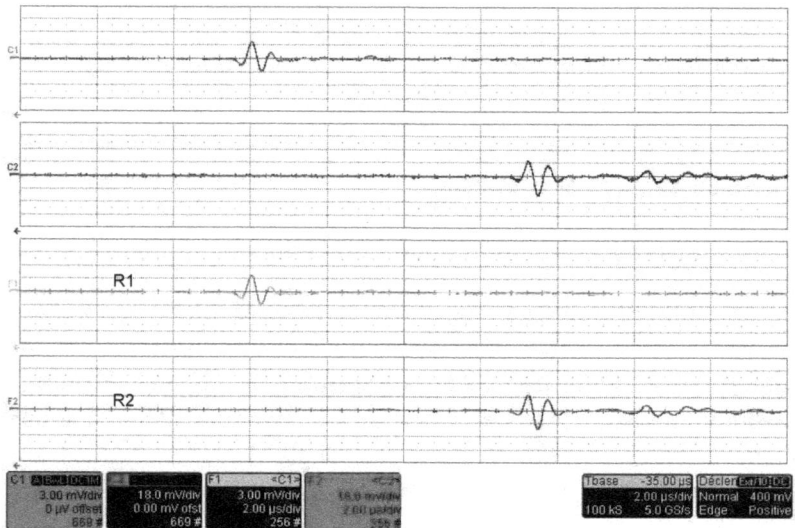

Fig.3.2-2. Signaux de l'onde Lcr reçus par les récepteurs R1 et R2

La figure 3.2.2 ci-dessus montre les signaux reçus par les deux récepteurs après passage de l'onde Lcr dans une plaque de 3 mm en PC avec le bloc capteur muni de trois capteurs V323-SM (f = 2,25 MHz).

3.2.2. Calibration dans l'épaisseur (K_{33})

Afin d'utiliser la méthode ultrasonore pour estimer la distribution des contraintes résiduelles moyennes dans l'épaisseur des plaques, il est nécessaire de réaliser l'essai de calibrage AE K_{33}, qui permet de relier directement les variations relatives des vitesses de propagation de l'onde longitudinale avec celles des contraintes appliquées à la plaque.

3.2.2.1. Résultats dans le champ lointain

Les courbes expérimentales (figures 3.2-3 et 3.2-4) des échantillons PC-1 et PS-2 sont choisies afin de présenter les résultats du calibrage acoustoélastique K_{33} dans le champ lointain.

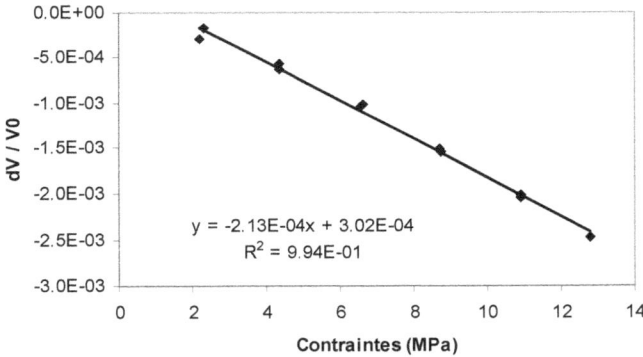

Fig.3.2-3. Calcul du coefficient acoustoélastique K_{33} de PC-1

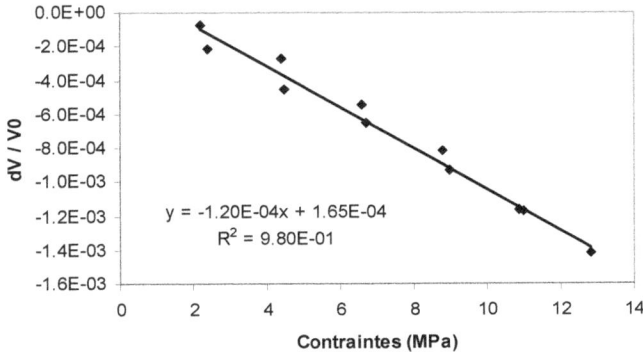

Fig.3.2-4. Calcul du coefficient acoustoélastique K_{33} de PS-2

Le comportement linéaire de l'effet acoustoélastique pour le modes V_{33} est vérifié dans le cas des polymères considérés. Tous les résultats sont présentés dans le tableau 3.2-1, avec le calcul d'erreur sur les pentes des courbes correspondant à K_{33}.

Matériaux	PC			PS		
Echantillon	1	2	3	1	2	3
Température (°C)	23.8	24.5	24.0	24.2	23.7	24.1
V_0 (m/s)	2236	2236	2236	2317	2319	2318
Moyenne (m/s)	2236			2318		
Coefficient K_{33} (10^{-4} MPa^{-1})	-2.13 ±0.11	-2.11 ±0.36	-2.14 ±0.12	-1.19 ±0.23	-1.20 ±0.11	-1.23 ±0.09
K_{33} Moyenne (10^{-4} MPa^{-1})	-2.12±0.13			-1.21±0.09		

Tab.3.2-1. Résultats des calibrages dans le champ lointain

Les valeurs obtenues par les mesures ont été effectuées à des températures légèrement différentes, ce qui peut expliquer en partie les écarts [BRA05]. Négligeant provisoirement l'influence de la température, on peut obtenir les vitesses initiales et les coefficients acoustoélastiques des matériaux en prenant la moyenne des trois mesures pour chaque polymère étudié.

3.2.2.2. Résultats dans le champ proche

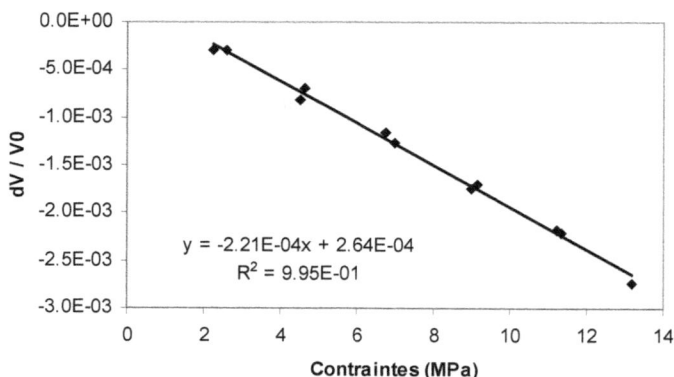

y = -2.21E-04x + 2.64E-04
R^2 = 9.95E-01

Fig.3.2-5. Calcul coefficient acoustoélastique K_{33} (PC-1)

Les courbes expérimentales présentent également un comportement linéaire de l'effet AE des matériaux thermoplastiques. Les résultats de l'échantillon PC-1 sont présentés à la figure 3.2-5, les autres sont montrés dans le tableau 3.2-2 ensembles. En vue de faciliter les comparaisons, on rappelle les anciens résultats des mesures obtenues dans le champ lointain.

Echantillon	PC-1	PC-2	PS-1	PS-2
K_{33}	-2.21±0.11	-2.29±0.09	-1.40±0.15	-1.04±0.10
K_{33} Moyenne	-2.25±0.07		-1.22±0.21	
K_{33} champ lointain	-2.12±0.13		-1.21±0.09	

Tab.3.2-2. Résultats des calibrages (unité : 10^{-4} MPa^{-1})

On trouve que les deux séries des mesures sont assez comparables, les écarts sont vraisemblablement dus aux erreurs de mesure. On peut donc effectuer les mesures ultrasonores dans le champ proche ou lointain avec le mode longitudinal dans l'épaisseur de l'éprouvette, en utilisant différents transducteurs à des fréquences différentes.

Compte tenu de la dépendance de l'onde Lcr (l'angle d'incidence) dans le champ proche, les mesures des coefficients K_{11} seront réalisées dans le champ lointain du transducteur Olympus Panametrics-NDT V323-SM, et l'estimation des contraintes sera également effectuée dans le champ lointain.

Dans le cas d'une propagation perpendiculaire à la direction de la contrainte (suivant la largeur de l'échantillon, direction 2), en considérant le matériau isotrope, on pourra utiliser la valeur de K_{33}, car $K_{33} = K_{22}$.

3.2.3. Calibration dans le plan avec l'onde Lcr (K_{11})

Les résultats de calibrage du coefficient AE K_{11} concernant les échantillons PC-2 et PS-1 sont présentés aux figures 3.2-6 et 3.2-7.

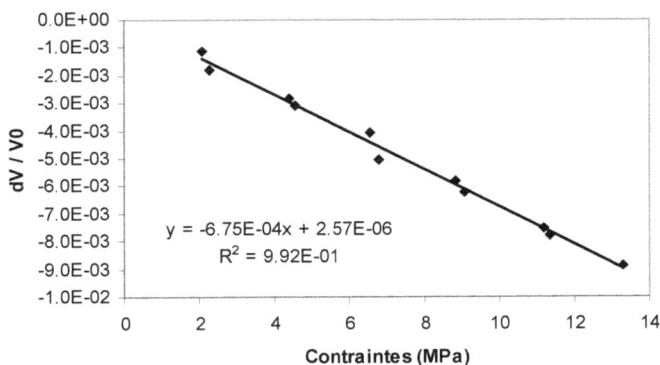

Fig.3.2-6. Détermination du coefficient acoustoélastique K_{11} de PC-2

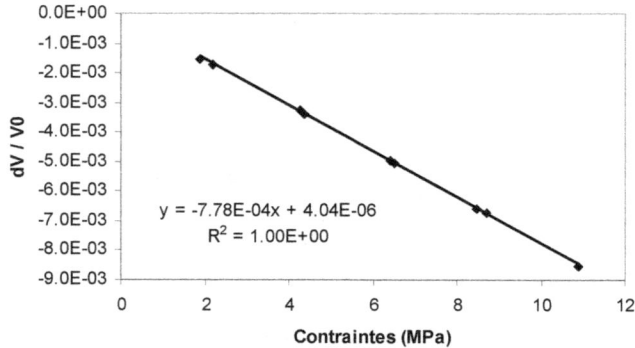

Fig.3.2-7. Détermination du coefficient acoustoélastique K_{11} de PS-1

Tous les résultats, valeurs de K_{11} des polymères ainsi que leurs moyennes, sont donnés dans le tableau 3.2-3. Afin de comparer les coefficients AE obtenus dans l'épaisseur de l'échantillon, on donne aussi les résultats de K_{33} dans le tableau.

Echantillon	PC-1	PC-2	PC-3	PS-1	PS-2	PS-3
K_{11}	-6.42 ±0.32	-6.75 ±0.40	-6.80 ±0.26	-7.75 ±0.14	-7.63 ±0.11	-7.78 ±0.11
K_{11} Moyenne	-6.66±0.22			-7.72±0.09		
K_{33} Moyenne	-2.12±0.13			-1.21±0.09		

Tab.3.2-3. Résultats des calibrages K_{11} (unité : 10^{-4} MPa^{-1})

On voit bien que les valeurs de K_{11} sont beaucoup plus grandes que celles de K_{33}. Par conséquent, les ondes Lcr sont de manière générale beaucoup plus sensibles à l'effet acoustoélastique, ce qui est bien illustré dans les deux figures 3.2-8 et 3.2-9.

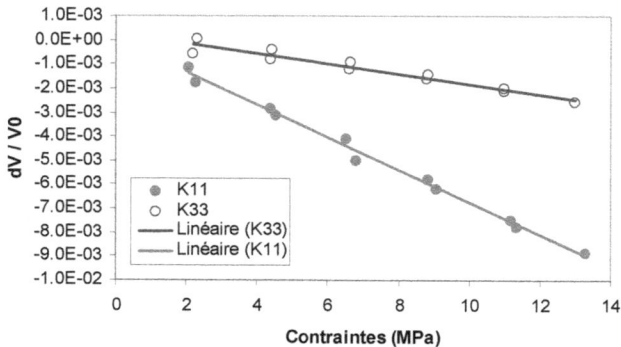

Fig.3.2-8. Comparaison des courbes de calibrage de K_{11} et de K_{33} de PC-2

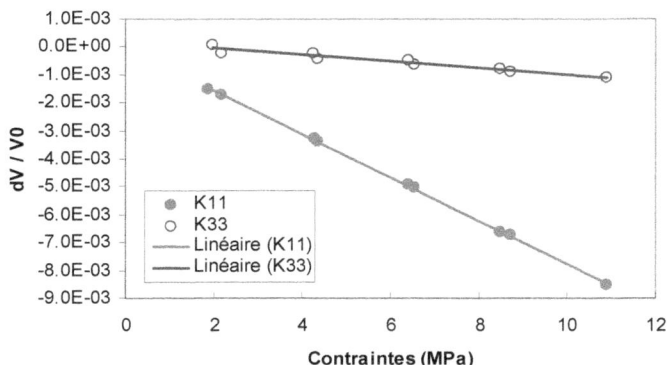

Fig.3.2-9. Comparaison des courbes de calibrage de K_{11} et de K_{33} de PS-1

Afin d'évaluer de manière quantitative la sensibilité des ondes se propageant dans l'épaisseur de l'échantillon et celle des ondes Lcr, on peut évaluer le changement du temps de propagation correspondant à la variation unitaire de contrainte. En considérant dans le cas des mesures C-Scan que l'épaisseur est constante (3 mm) et que la température n'évolue pas au cours des essais, les variations de temps induites par une variation dσ_s = 1 MPa ou de dσ_x = 1 MPa avec σ_y constante, sont présentées dans le tableau ci-dessous.

Matériau	Mode longitudinal dt pour 1 MPa (trajet de 6 mm)	Mode Lcr dt pour 1 MPa (trajet de 16,5 mm)
PC	$\approx$ 0,6 ns	$\approx$ 4,7 ns
PS	$\approx$ 0,3 ns	$\approx$ 5,4 ns

Tab.3.2-4. Changement du temps de propagation due à la variation des contraintes de 1 MPa

Evidemment dans le cas du C-Scan la variation de temps de propagation t est proche de la résolution de l'oscilloscope ($\pm$0,2 ns). Par contre elle est beaucoup plus importante dans le cas de l'onde Lcr, pour les deux raisons suivantes :

- le mode Lcr (K_{11}) est beaucoup plus sensible que le mode longitudinal se propageant dans l'épaisseur de l'échantillon.
- la distance de propagation est plus grande avec le mode Lcr, 16,5 mm par rapport à 6 mm.

107

3.2.4. Conclusion partielle sur les résultats du calibrage AE

L'effet acoustoélastique dans les polymères thermoplastiques PC et PS pour les ondes longitudinales (K_{33} et K_{11}) se traduit par la diminution de la variation relative de vitesse de l'onde en fonction de la contrainte externe.

L'utilisation de l'onde longitudinale se propageant dans l'épaisseur de l'échantillon est plus facile, cependant elle est moins sensible à l'effet acoustoélastique. A cause de la faible épaisseur de l'échantillon, elle est également moins sensible aux changements des contraintes.

Dans le cas de l'onde Lcr, qui se propage dans le plan suivant la direction des contraintes appliquées, celle ci est beaucoup sensible à l'effet acoustoélastique. Elle permet également de s'affranchir de la mesure de l'épaisseur de l'échantillon, sa résolution est donc améliorée.

3.3. La caractérisation de l'effet de la température

3.3.1. L'effet de la température sur la vitesse des ondes longitudinales

Les figures 3.3-1 et 3.3-2 présentent les courbes expérimentales (variation relative de la vitesse de propagation de l'onde longitudinale en fonction de la température) concernant les échantillons réalisés en PC et PS respectivement.

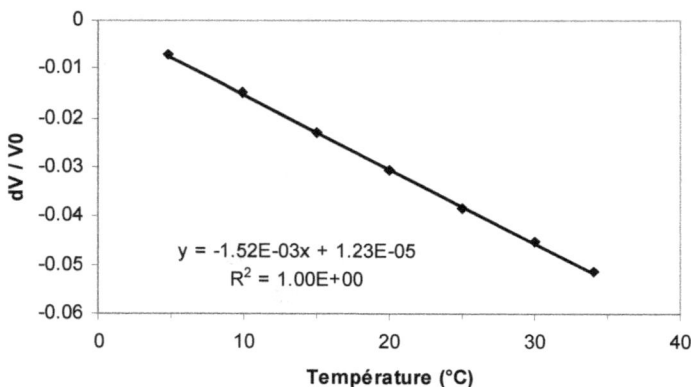

Fig.3.3-1. Courbe du calibrage de l'échantillon PC-1

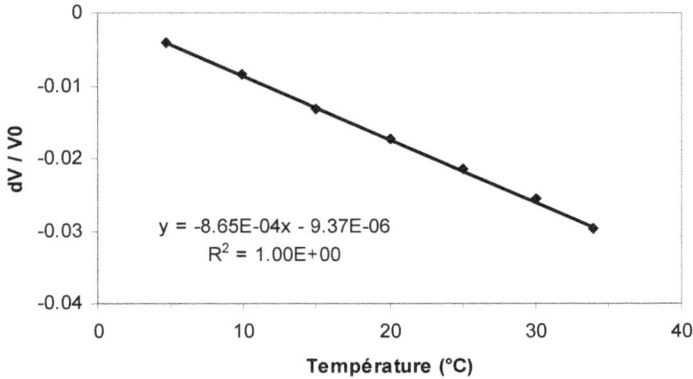

Fig.3.3-2. Courbe du calibrage de l'échantillon PS-1

Les coefficients de l'effet de la température sur la vitesse (la pente de la courbe) correspondant de chaque échantillon sont présentés dans le tableau 3.3-1, les calculs d'erreur sur la pente ont été réalisés. On donne les résultats en prenant la valeur moyenne des trois mesures pour chaque matériau.

Matériaux	PC			PS		
Echantillon	1	2	3	1	2	3
Coefficient P	-1.52 ±0.02	-1.52 ±0.02	-1.54 ±0.03	-0.87 ±0.02	-0.87 ±0.01	-0.87 ±0.01
P Moyen	-1.52±0.01			-0.87±0.01		

Tab.3.3-1. Coefficients de l'effet de la température (unité : 10^{-3} / °C)

Les vitesses de propagation diminuent linéairement en fonction de la température pour les matériaux étudiés. On trouve que les coefficients P de la température sont plus grands que les coefficients acoustoélastiques évalués précédemment, il sera donc nécessaire de corriger l'influence de température si elle change pendant les mesures ultrasonores.

Compte tenu de la température de la salle climatisée qui est d'environ 24 °C, où sont faits les calibrages K_{33}, les vitesses V_0 doivent être respectivement de : 2233 m/s (PC), 2318 m/s (PS), à partir des mesures en fonction de la température. Elles coïncident bien avec les valeurs obtenues lors des mesures de calibrage précédentes.

On peut estimer la perturbation due à une variation de la température dT = ±0,1 °C, sur l'estimation des contraintes pendant la manipulation expérimentale, à partir des équations :

$$\frac{\Delta V}{V^0} = P\Delta T = K\Delta\sigma \qquad\qquad (3.3\text{-}1)$$

$$\Delta\sigma = \frac{P}{K}\Delta T \qquad\qquad (3.3\text{-}2)$$

En introduisent les valeurs mesurées des coefficients P, K_{33} et K_{11} dans l'équation 3.2-2, on peut obtenir les estimations comme le montre Tab.3.3-2.

Matériau	Mesures C-Scan $d\sigma_s$	Mesures avec le mode Lcr $d\sigma_x = d\sigma_y$
PC	±0,72 MPa	±0,23 MPa
PS	±0,72 MPa	±0,11 MPa

Tab.3.3-2. Influence de la variation de la température de ± 0,1 °C

L'effet de la température est assez important, surtout dans le cas des mesures C-Scan (±0,7 MPa), comparativement aux mesures effectuées avec l'onde Lcr (±0,1 à ±0,2 MPa). Au regard des niveaux de contrainte dans les matériaux considérés, la prise en compte de la température est absolument nécessaire.

3.3.2. L'effet de la température sur l'atténuation des ondes longitudinales

A la figure 3.3-3a, on présente les résultats de la Transformée de Fourier des signaux dans le domaine fréquentiel. Les signaux correspondent aux deux premiers échos réfléchis par le fond de l'échantillon en PC à la température de 20 °C. Le coefficient d'atténuation du matériau à partir du rapport des amplitudes des échos pour chaque fréquence, contenues dans la bande passante du capteur de 2,25 MHz [1.0 ~ 3.0 MHz] est présenté à la figure 3.3-3b.

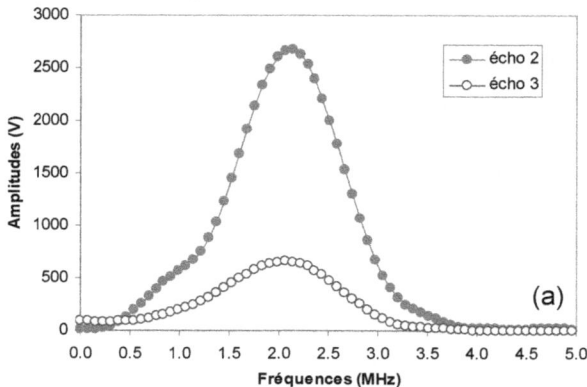

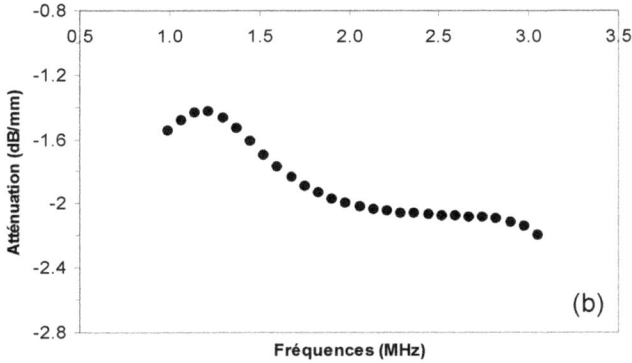

Fig.3.3-3. Atténuation mesurée dans le PC à 20 °C

Les résultats concernant le polymère PS, sont présentés à la figure 3.3-4.

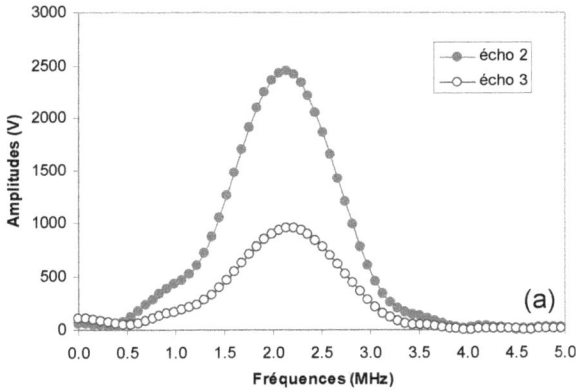

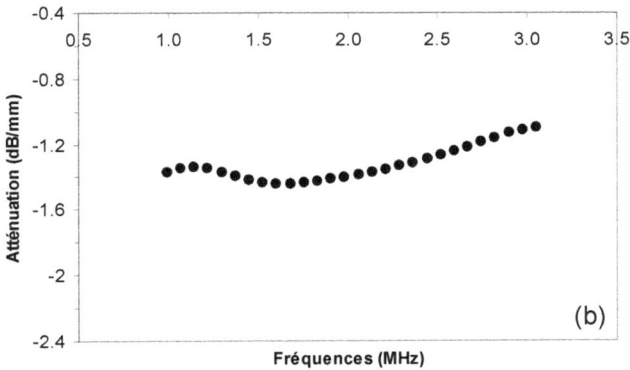

Fig.3.3-4. Atténuation mesurée dans le PS à 20 °C

On prend la valeur de l'atténuation correspondant à la fréquence nominale du transducteur, comme valeur retenue en fonction de la température. Les résultats de PS et PC sont présentés aux figures 3.3-5 et 3.3-6 respectivement.

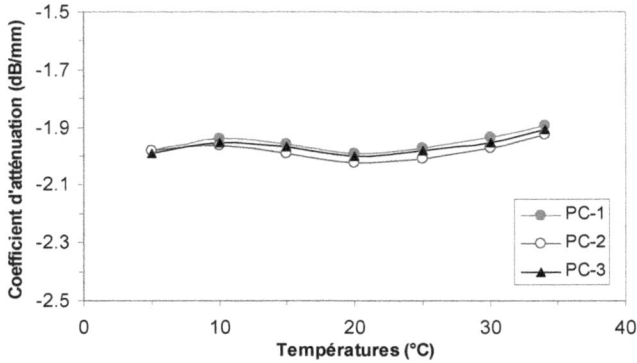

Fig.3.3-5. Coefficient d'atténuation en fonction de la température (PC)

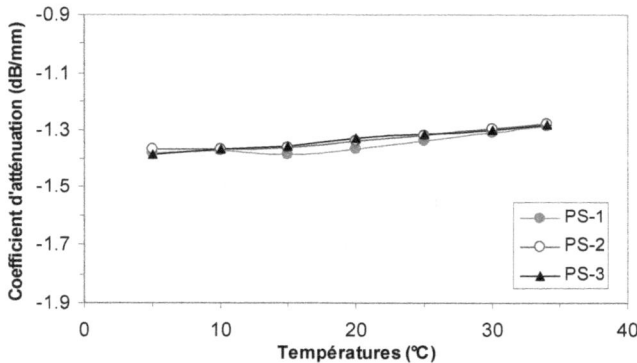

Fig.3.3-6. Coefficient d'atténuation en fonction de la température (PS)

On voit bien que l'atténuation est presque constante dans la plage de mesure pour les deux polymères. En prenant la valeur moyenne, on obtient –1,97 dB/mm pour PC et –1,34 dB/mm dans le cas de PS, qui présente une atténuation plus faible.

3.3.3. Conclusion partielle

L'effet de la température sur la vitesse de propagation doit être pris en compte lors de la détermination des contraintes par méthode ultrasonore. Il est donc nécessaire de relever la température lors des mesures ultrasonores, et de corriger les valeurs de vitesse.

En plus, en considérant que l'on ne peut pas négliger un changement de température de 0,1 °C, qui correspond à la précision du thermomètre, on aura intérêt à augmenter le volume d'eau dans la cuve lors des mesures ultrasonores, en particulier dans le cas des mesures C-Scan, afin de stabiliser au mieux la température.

L'atténuation de l'onde est pratiquement constante dans la plage de températures testées pour les polymères PC et PS.

3.4. La photoélasticimétrie appliquée au cas des polymères amorphes

Nous allons présenter les résultats des mesures de photoélasticimétrie pour les plaques en PC et PS, pour réaliser la séparation des contraintes principales dans la région étudiée et calculer leurs valeurs. Les résultats serviront à comparer ceux issus de la méthode ultrasonore.

3.4.1. Isoclines, Isochromes et Isostatiques

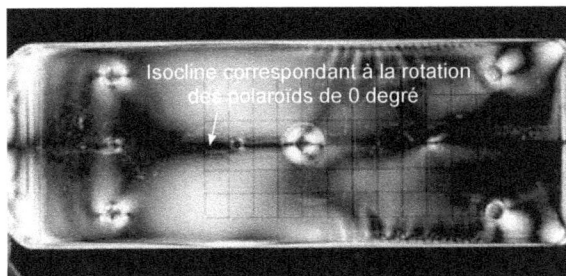

Fig.3.4-1. Plaque en PC dans un polariscope plan en lumière blanche

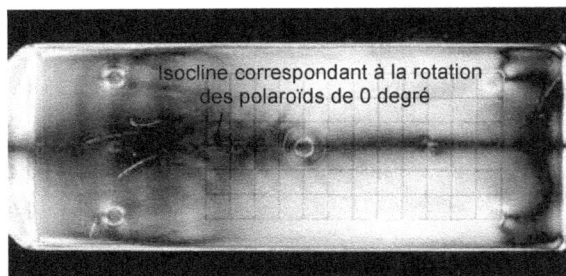

Fig.3.4-2. Plaque en PS dans un polariscope plan en lumière blanche

113

Les figures 3.4-1 et 3.4-2 correspondent respectivement aux cas du PC et du PS, prises lorsque les polaroïds sont aux positions initiales en utilisant le polariscope plan en lumière blanche. Comme prévu, les images sont symétriques par rapport à l'axe central de la plaque.

Toutes les isoclines relevées par procédé photoélastique sont représentées respectivement dans les figures 3.4-3 et 3.4-4, avec la valeur de l'angle correspondant. Le long de chacune d'elle, on trace des petites croix dont les branches représentent les directions principales des contraintes résiduelles en chacun de ces points. Par définition, sur la même isocline les branches des croix sont parallèles à des directions fixes.

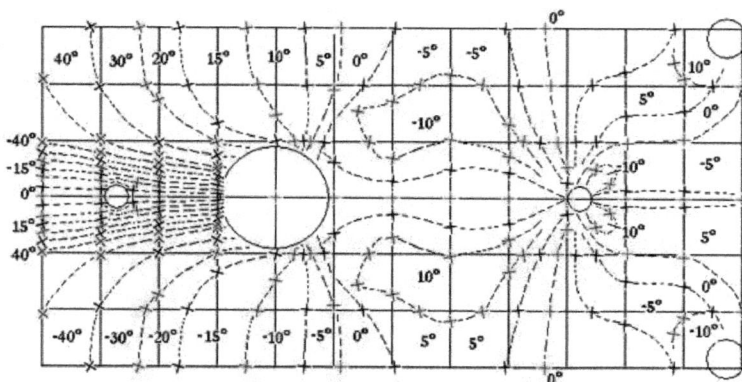

Fig.3.4-3. Distribution des isoclines de la plaque en PC

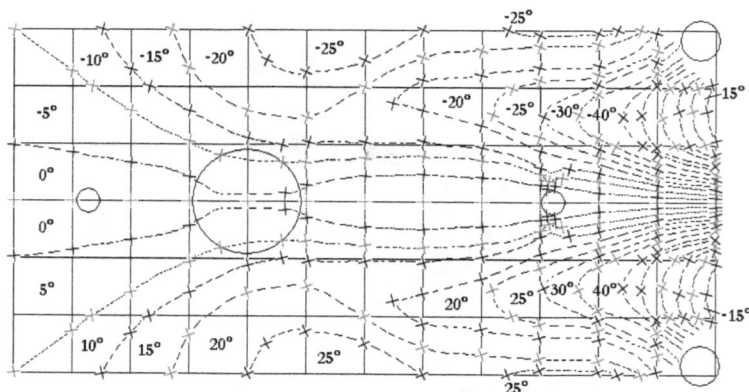

Fig.3.4-4. Distribution des isoclines de la plaque en PS

114

Ensuite on peut tracer de proche en proche les isostatiques à partir des isoclines, afin de donner une idée plus intuitive de la distribution et du cheminement des contraintes résiduelles de la plaque.

Une isostatique est une courbe telle qu'en chacun de ses points l'une des directions principales des contraintes lui est tangente, l'autre normale. Les isostatiques constituent donc deux réseaux de courbes orthogonales. Le rayon de courbure des isostatiques permet de connaître l'allure des variations des contraintes principales. Lorsqu'une isostatique présente une forte courbure (soit un faible rayon), la contrainte principale qui lui est perpendiculaire varie rapidement à son voisinage.

Puisqu'il existe une infinité d'isostatiques, la distance qui sépare deux isostatiques successives est choisie en fonction de la précision recherchée sur la position des points de mesure.

Dans la figure 3.4-5, les deux familles d'isostatiques, σ_1 et σ_2 de la plaque en PC, ont été reproduites respectivement en pointillés rouge et en ligne verte continue pour mieux les distinguer (pour identifier σ_1 et σ_2, il faut suivre une convention propre à l'instrument utilisé, $\sigma_1 > \sigma_2$ en valeur algébrique). Globalement la contrainte principale σ_1 est dirigée suivant la direction de l'écoulement, et σ_2 dans la direction perpendiculaire, à l'exception de la région située à gauche de l'extracteur.

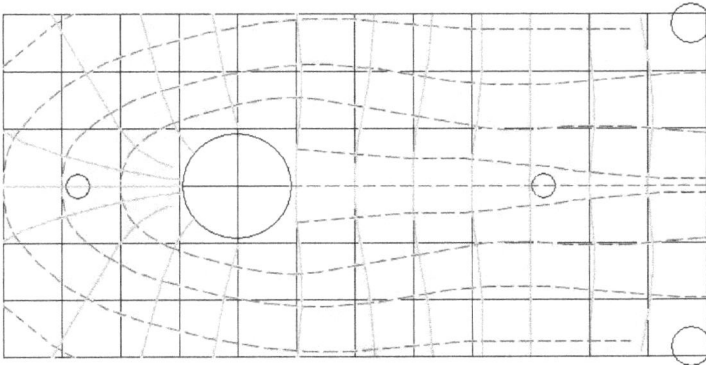

Fig.3.4-5. Isostatiques de la plaque en PC

Il y a évidemment une concentration des contraintes à côté de l'extracteur au milieu, et les variations des contraintes σ_2 sont plus grandes dans la zone située à sa gauche. Par ailleurs, on peut trouver que le défaut au milieu est un point singulier (type : point attractif à 1 axe), c'est-à-dire les contraintes normales sont égales dans toutes les directions. En effet on peut aussi le trouver quand on trace les isoclines (Fig.3.4-3).

Les résultats concernant le PS sont montrés à la figure 3.4-6. Les directions des contraintes principales sont presque toujours parallèles et perpendiculaires à la direction de l'écoulement de l'injection, sauf la région auprès du côté droit.

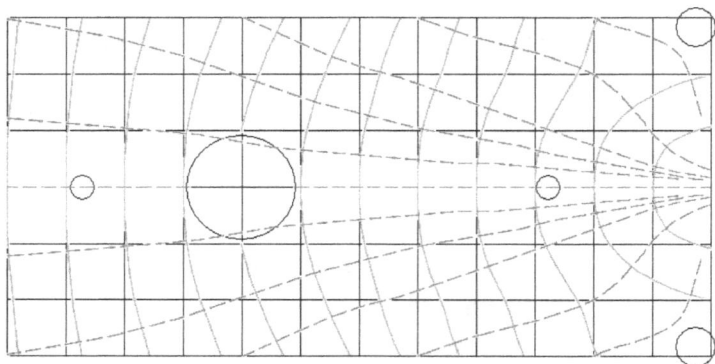

Fig.3.4-6. Isostatiques de la plaque en PS

En utilisant le polariscope circulaire sous la lumière blanche, on peut classer facilement les ordres de frange à l'aide des franges colorées en suivant la séquence d'apparition des couleurs. La figure 3.4-7 est le résultat obtenu pour la plaque en PC. On trouve bien que la frange noire d'ordre 0 se situe à l'extrémité droite de la plaque et que les ordres de frange sont grands lorsqu'on regarde vers la gauche, près du point d'injection. Le cas du polymère PS est présenté à la figure 3.4-8.

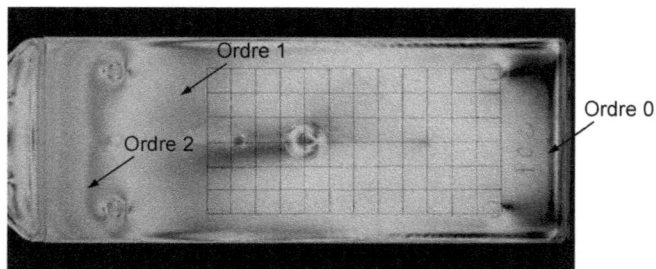

Fig.3.4-7. Plaque en PC dans un polariscope circulaire en lumière blanche

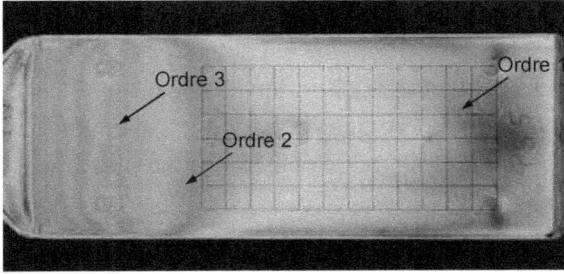

Fig.3.4-8. Plaque en PS dans un polariscope circulaire en lumière blanche

Comme il a été expliqué dans le chapitre 2, on utilise la lumière monochromatique (verte) afin de repérer plus précisément les isochromes respectivement sous le champ sombre (polaroïds croisés, 90°) et sous le champ clair (polaroïds parallèle, 0°). La figure 3.4-9 est un exemple obtenu sous le champ clair pour la plaque en PC, la figure 3.4-10 présente le cas du polymère PS.

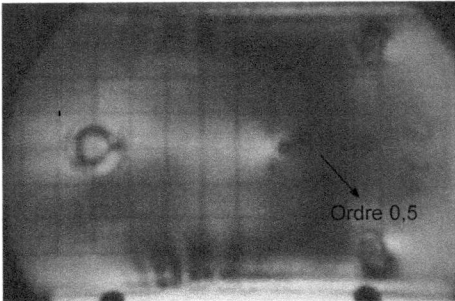

Fig.3.4-9. Plaque en PC dans un polariscope circulaire en lumière verte

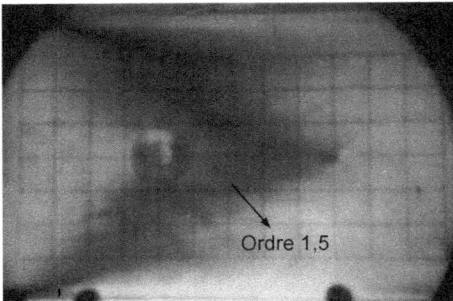

Fig.3.4-10. Plaque en PS dans un polariscope circulaire en lumière verte

117

En combinant les résultats d'interpolation angulaire pour les points situés sur l'axe central de la plaque, les distributions des isochromes pour les plaques en PC et PS sont indiquées aux figures 3.4-11 et 3.4-12. Pour les autres points, on estime les ordres de frange en effectuant les interpolations linéaires entre les différentes franges suivant la direction Ox.

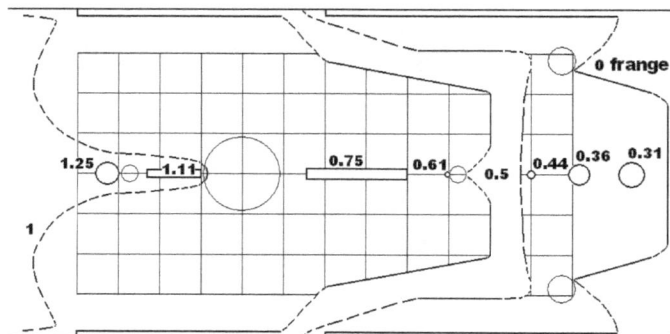

Fig.3.4-11. Isochromes de la plaque en PC

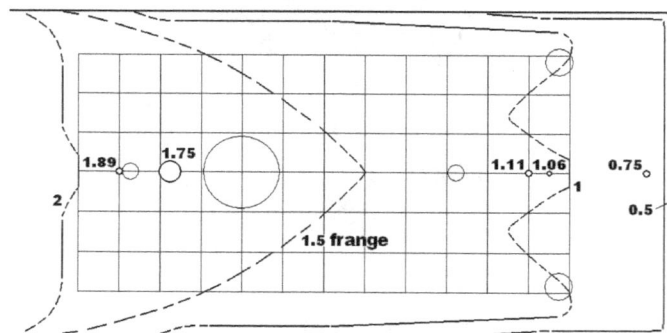

Fig.3.4-12. Isochromes de la plaque en PS

3.4.2. Distribution des contraintes principales

En utilisant les informations concernant les résultats expérimentaux précédents, on peut séparer les contraintes principales dans les plaques par le moyen de l'intégration le long d'une droite particulière. Compte tenu de la symétrie du système, on analyse seulement la moitié supérieure de la plaque (Fig.3.4-13). Comme les valeurs de $(\sigma_1-\sigma_2)$ sont évaluées en chaque point, à partir de l'ordre des franges des isochromes (Fig.3.4-11 et 3.4-12), les valeurs initiales des contraintes principales σ_1 et σ_2 le sont également.

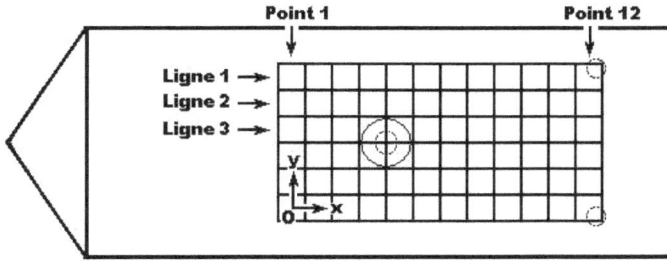

Fig.3.4-13. Schéma des plaques réalisées en PS et PC

Pour le matériau PC, le coefficient de frange f = 25,53 MPa·mm/frange a été obtenu après l'essai d'étalonnage. Les valeurs calculées des contraintes principales σ_1 et σ_2 dans la région étudiée de la plaque PC sont distribuées comme les tableaux 3.4-1 et 3.4-2.

	P1	P2	P3	P4	P5	P6	P7	P8	P9	P10	P11	P12
Ligne 1	3.78	4.21	5.47	5.19	4.96	4.49	4.60	4.97	4.83	4.46	4.56	2.83
Ligne 2	2.79	2.86	4.57	4.86	4.48	4.61	5.06	5.67	5.63	4.70	4.60	3.02
Ligne 3	0.30	-0.47	0.79			4.59	5.53	6.31	6.61	4.60	4.53	3.01

Tab.3.4-1. Distribution de σ_1 dans la plaque en PC (unité : MPa)

	P1	P2	P3	P4	P5	P6	P7	P8	P9	P10	P11	P12
Ligne 1	-3.96	-3.01	-1.24	-1.02	-0.76	-0.72	-0.33	0.22	0.27	0.09	0.29	-0.24
Ligne 2	-5.19	-4.72	-2.60	-1.94	-1.94	-1.42	-0.58	0.41	0.75	0.22	0.33	-0.39
Ligne 3	-9.17	-9.23	-7.48			-1.84	-0.49	0.50	1.29	0.23	0.26	-0.42

Tab.3.4-2. Distribution de σ_2 dans la plaque en PC (unité : MPa)

Dans le cas de PS, on utilisera la valeur du coefficient f trouvée dans la bibliographie [SUN06], soit f = -9,93 MPa·mm/frange, puisqu'on n'est pas arrivé à libérer complètement les contraintes résiduelles dans la plaque. Les contraintes principales σ_1 et σ_2 en chaque point de la plaque en PS sont consignées dans les tableaux 3.4-3 et 3.4-4.

	P1	P2	P3	P4	P5	P6	P7	P8	P9	P10	P11	P12
Ligne 1	6.00	5.23	4.81	4.40	4.14	4.11	4.06	3.93	3.21	3.14	2.98	1.30
Ligne 2	6.07	5.23	4.97	4.75	4.76	4.84	4.60	4.30	3.29	3.06	2.52	0.69
Ligne 3	5.98	5.18	4.97			5.44	5.04	4.77	3.67	3.44	3.42	2.92

Tab.3.4-3. Distribution de σ_1 dans la plaque en PS (unité : MPa)

	P1	P2	P3	P4	P5	P6	P7	P8	P9	P10	P11	P12
Ligne 1	-0.28	-0.65	-0.68	-0.75	-0.76	-0.56	-0.39	-0.30	-0.78	-0.63	-0.57	-1.93
Ligne 2	-0.30	-0.86	-0.83	-0.76	-0.47	-0.12	-0.08	-0.09	-0.80	-0.73	-0.98	-2.41
Ligne 3	-0.40	-0.86	-0.84			0.25	0.09	0.13	-0.64	-0.57	-0.25	-0.40

Tab.3.4-4. Distribution de σ_2 dans la plaque en PS (unité : MPa)

3.5. Méthodes de détermination US des contraintes

Remarque

L'estimation des contraintes par la méthode photoélasticimétrie a tendance à sous évaluer la contribution des contraintes thermiques. Toutes les mesures présentées dans les paragraphes § 3.4 et 3.5 concernent des échantillons en PC et PS fabriqués depuis un an, stockés dans une salle climatisée à 23 ± 2 °C, qui ont subi une relaxation partielle des contraintes thermiques depuis leur fabrication. Ils vont servir à démontrer la faisabilité de la méthode ultrasonore de détermination des contraintes dans les thermoplastiques.

3.5.1. Evolution des contraintes moyennes dans l'épaisseur

Les mesures de la vitesse de l'onde dans l'épaisseur de la pièce sont obtenues en déplaçant automatiquement le capteur au dessus de la pièce immergée dans l'eau, elles sont plus faciles à effectuer que celles utilisant le capteur à ondes Lcr. Par conséquent, on peut contrôler précisément la procédure de la cartographie, comme le trajet et le pas de déplacement, ce qui permet d'augmenter la reproductibilité des mesures et de réaliser plus de points de mesures.

Bien que cette méthode ne permette d'obtenir que la somme des contraintes principales, compte tenu que la composante des contraintes principales dirigée dans la direction de l'écoulement est souvent beaucoup plus importante que l'autre, elle peut être utile pour donner une estimation approximative des contraintes dans la pièce.

3.5.1.1. Résultats en termes de vitesse de l'onde

On montre les résultats directement issus de la cartographie sur les plaques PC et PS dans les tableaux 3.5-1 et 3.5-2. Toutes les données sont établies selon le schéma Fig.3.5-1.

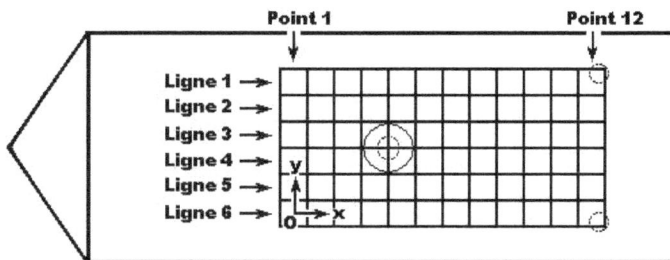

Fig.3.5-1. Définition des points de mesure et du repère utilisé

	P 1	P 2	P 3	P 4	P 5	P 6	P 7	P 8	P 9	P 10	P 11	P 12
Ligne 1	2.6643	2.6679	2.6692	2.6666	2.6645	2.6602	2.6562	2.6533	2.6516	2.6506	2.6482	2.5393
Ligne 2	2.6686	2.6712	2.6732	2.6678	2.6643	2.6609	2.6577	2.6537	2.6489	2.6477	2.6461	2.6392
Ligne 3	2.6946	2.6978	2.6941	2.7435	2.7225	2.6746	2.6707	2.6673	2.6605	2.6507	2.6440	2.6354
Ligne 4	2.6810	2.6804	2.6798	2.7258	2.6770	2.6680	2.6672	2.6728	2.6640	2.6523	2.6448	2.6355
Ligne 5	2.6633	2.6639	2.6639	2.6617	2.6586	2.6564	2.6542	2.6519	2.6484	2.6444	2.6396	2.6335
Ligne 6	2.6594	2.6594	2.6596	2.6596	2.6584	2.6548	2.6512	2.6496	2.6563	2.6471	2.6406	2.6329

Tab.3.5-1. Temps de parcours de la plaque PC (unité : µs)

	P 1	P 2	P 3	P 4	P 5	P 6	P 7	P 8	P 9	P 10	P 11	P 12
Ligne 1	2.5836	2.5860	2.5848	2.5796	2.5739	2.5690	2.5649	2.5615	2.5613	2.5588	2.5564	2.4554
Ligne 2	2.5839	2.5837	2.5833	2.5785	2.5728	2.5710	2.5664	2.5616	2.5594	2.5574	2.5571	2.5507
Ligne 3	2.6117	2.6147	2.6047	2.6535	2.6173	2.5850	2.5803	2.5746	2.5706	2.5626	2.5567	2.5495
Ligne 4	2.6001	2.6003	2.5960	2.6371	2.6067	2.5763	2.5749	2.5839	2.5762	2.5629	2.5563	2.5528
Ligne 5	2.5753	2.5753	2.5759	2.5733	2.5709	2.5644	2.5606	2.5624	2.5614	2.5524	2.5503	2.5529
Ligne 6	2.5719	2.5705	2.5685	2.5671	2.5669	2.5635	2.5584	2.5590	2.5666	2.5560	2.5549	2.5455

Tab.3.5-2. Temps de parcours de la plaque PS (unité : µs)

En combinant les informations de l'épaisseur de chaque point de mesure, on peut calculer exactement la distribution des vitesses de propagation de l'onde dans le sens de l'épaisseur de plaque. Les résultats correspondants sont montrés dans les tableaux 3.5-3 et 3.5-4.

	P 1	P 2	P 3	P 4	P 5	P 6	P 7	P 8	P 9	P 10	P 11	P 12
Ligne 1	2258.8	2258.0	2259.1	2256.8	2256.3	2255.5	2255.9	2253.8	2253.7	2254.6	2256.6	
Ligne 2	2260.4	2259.7	2261.7	2255.8	2256.5	2257.1	2254.6	2255.7	2253.0	2256.3	2257.7	2261.3
Ligne 3	2257.1	2254.4	2258.3			2253.0	2252.6	2257.0	2258.2	2257.5	2258.7	2261.5
Ligne 4	2262.6	2261.6	2259.9			2257.1	2255.5	2250.8	2263.5	2256.9	2258.0	2265.2
Ligne 5	2254.3	2255.3	2253.8	2256.5	2254.6	2256.4	2255.3	2253.5	2256.5	2256.8	2257.9	2263.1
Ligne 6	2255.4	2254.6	2254.5	2254.5	2255.5	2256.3	2254.1	2254.7	2255.0	2256.8	2255.5	

Tab.3.5-3. Vitesses de propagation de la plaque PC (unité : m/s)

	P 1	P 2	P 3	P 4	P 5	P 6	P 7	P 8	P 9	P 10	P 11	P 12
Ligne 1	2324.7	2322.5	2322.0	2325.2	2325.7	2325.4	2324.5	2326.0	2323.0	2325.3	2323.6	
Ligne 2	2324.4	2324.6	2324.9	2327.7	2328.2	2324.4	2324.7	2325.1	2325.5	2325.8	2324.5	2326.4
Ligne 3	2322.6	2320.7	2325.8			2327.3	2327.6	2328.9	2328.6	2325.8	2325.7	2327.5
Ligne 4	2325.3	2321.3	2322.8			2323.5	2324.8	2320.5	2327.5	2323.9	2326.8	2326.9
Ligne 5	2325.9	2326.7	2323.8	2326.2	2322.9	2328.0	2329.9	2323.6	2326.1	2332.7	2326.0	2325.2
Ligne 6	2326.7	2325.6	2326.6	2325.6	2324.2	2322.6	2326.5	2323.6	2323.7	2328.6	2322.6	

Tab.3.5-4. Vitesses de propagation de la plaque PS (unité : m/s)

Pour bien présenter la variation des données dans le tableau suivant les deux directions Ox et Oy, on visualise aux figures 3.5-2 et 3.5-3 l'image de la surface 3D après l'interpolation linéaire au pas de 2 mm. L'amplitude des vitesses est donnée par une échelle de couleurs.

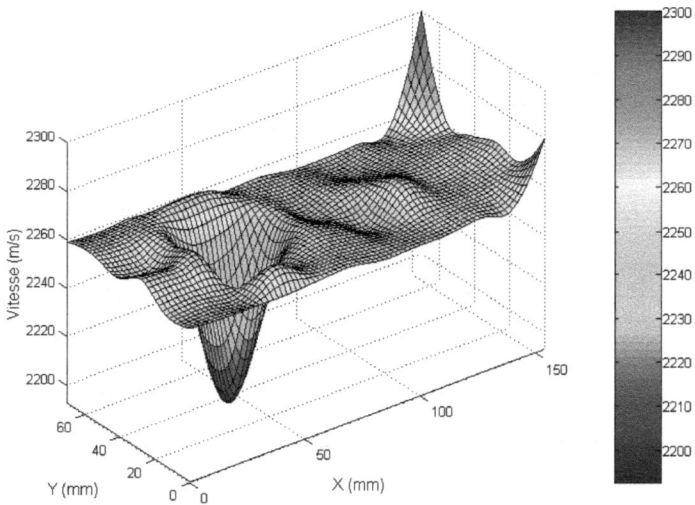

Fig.3.5-2. Variations des vitesses de propagation (PC)

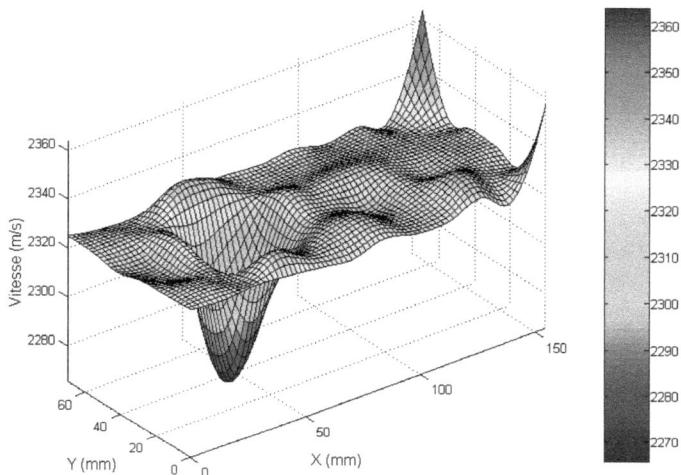

Fig.3.5-3. Variations des vitesses de propagation (PS)

On trouve que les vitesses de l'onde ne changent pas beaucoup sauf dans la région influencée par les défauts au milieu de la plaque et aux extrémités des lignes 1 et 6. C'est acceptable compte tenu que les valeurs des contraintes introduites par la fabrication doivent rester inférieures à la limite d'élasticité du matériau.

3.5.1.2. Résultats en termes de contraintes moyennes dans l'épaisseur

Pour la plaque PC, la mesure de la vitesse initiale V_{33}^{0} sur l'échantillon détensionné effectuée dans les mêmes conditions que la cartographie, est de 2257,5 m/s. On choisit la zone de la plaque à mesurer, on peut ensuite obtenir la distribution des contraintes résiduelles dans la plaque à partir des résultats du calibrage de PC, K_{33} = -2,12×10⁻⁴ MPa⁻¹, P = -1,52×10⁻³ /°C, comme le montrent le tableau 3.5-5 et la figure 3.5-4 (après l'interpolation linéaire au pas de 2 mm).

	P 1	P 2	P 3	P 4	P 5	P 6	P 7	P 8	P 9	P 10	P 11	P 12
Ligne 1	-2.62	-0.95	-3.35	1.45	2.44	4.24	3.44	7.74	7.87	6.09	1.82	
Ligne 2	-5.98	-4.51	-8.79	3.57	2.08	0.77	6.10	3.72	9.38	2.51	-0.34	-7.92
Ligne 3	0.82	6.42	-1.60			9.30	10.25	1.12	-1.51	-0.04	-2.51	-8.39
Ligne 4	-10.63	-8.57	-4.95			0.79	4.08	13.95	-12.57	1.23	-1.08	-16.14
Ligne 5	6.59	4.51	7.65	2.19	6.12	2.22	4.61	8.40	2.18	1.37	-0.87	-11.80
Ligne 6	4.40	5.97	6.32	6.32	4.20	2.53	7.16	5.89	5.19	1.44	4.08	

Tab.3.5-5. Distribution des contraintes (MPa) dans la plaque PC

123

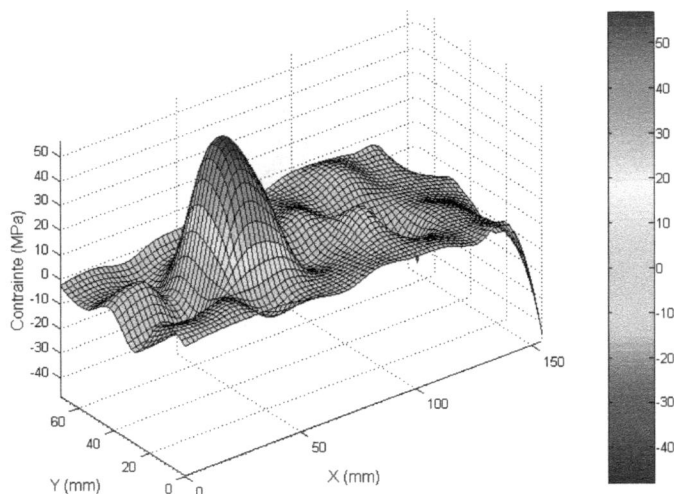

Fig.3.5-4. Distribution des contraintes résiduelles dans la plaque PC

On vérifie que dans la zone proche de l'extracteur, les valeurs obtenues sont trop élevées, pour correspondre aux contraintes résiduelles dans la plaque. Cette zone perturbée géométriquement, perturbe la mesure de la vitesse de propagation de l'onde.

Dans le cas de PS, K_{33} = -1.21×10^{-4} MPa^{-1}, P = -0,87×10^{-3} /°C, la mesure sur l'échantillon détensionné sous la même condition que la cartographie donne la vitesse initiale V_{33}^{0} = 2326,0 m/s. On utilise la même procédure que précédemment, et l'on obtient la distribution des contraintes résiduelles (tableau 3.5-6 et figure 3.5-5) dans la plaque PS. Les variations des contraintes sont plus importantes que celles de la plaque PC. L'existence de l'extracteur a moins d'influence et les valeurs des contraintes baissent progressivement suivant le sens de l'écoulement d'injection.

	P 1	P 2	P 3	P 4	P 5	P 6	P 7	P 8	P 9	P 10	P 11	P 12
Ligne 1	4.75	12.42	14.08	2.96	1.23	2.07	5.48	0.07	10.52	2.46	8.60	
Ligne 2	5.71	5.07	3.79	-6.08	-7.83	5.73	4.77	3.16	1.62	0.71	5.30	-1.49
Ligne 3	11.99	18.74	0.73			-4.52	-5.81	-10.32	-9.38	0.84	1.23	-5.38
Ligne 4	2.50	16.80	11.35			8.93	4.44	19.46	-5.18	7.36	-2.84	-3.04
Ligne 5	0.20	-2.56	7.65	-0.70	10.94	-7.21	-13.94	8.52	-0.25	-23.83	0.00	2.85
Ligne 6	-2.43	1.36	-2.31	1.49	6.38	12.06	-1.61	8.66	8.18	-9.37	12.10	

Tab.3.5-6. Distribution des contraintes (MPa) dans la plaque PS

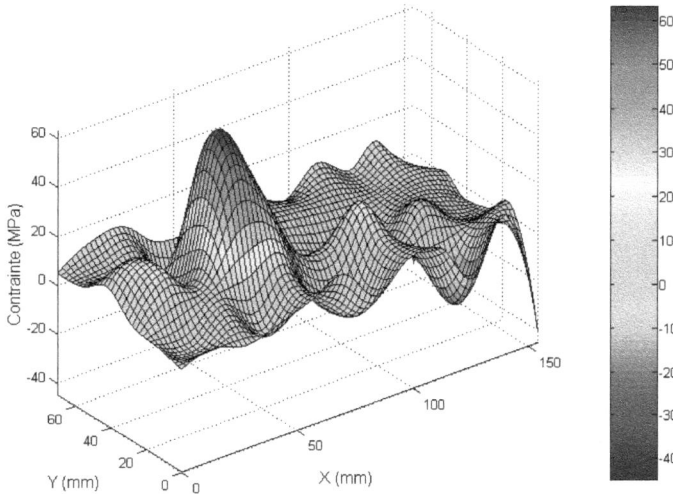

Fig.3.5-5. Distribution des contraintes résiduelles dans la plaque PS

3.5.1.3. Estimation de l'erreur de mesure

L'estimation de l'erreur de mesure des résultats des contraintes obtenues à partir de la cartographie de vitesses pour l'application aux polymères PC et PS, est effectuée en utilisant l'équation 2.9-5.

On effectue les mesures dans la salle climatisée en prenant dT = 0,1 °C.

Pour ET[T], on le calcule en supposant l'incertitude de mesure égale à la précision du thermomètre 0,1 °C, soit ET[T] = 0,1/2 = 0,05 °C.

Pour l'écart type ET[t], on doit prendre en compte les erreurs aléatoires dues à la reproductibilité des mesures. On utilise la valeur de l'écart-type obtenu à partir de 10 mesures de la variable, soit ET[t] = 0,2 ns.

Dans le cas de ET[e_0], il faut synthétiser la variance qui provient des mesures de l'épaisseur de la plaque en utilisant le « palmer », et celle introduite par les défauts de parallélisme de la plaque, qui va perturber l'angle d'incidence de l'onde. On prend pour incertitude des mesures de l'épaisseur ±0,005 mm, et celle due au changement de 1° de l'angle d'incidence à ±0,001 mm, finalement ET[e_0] ≈ 0,003 mm.

Cas du thermoplastique PC

Dans le cas de PC, K_{33} = -2,12E-4 MPa^{-1}, ET[K_{33}] = 6,57E-6 MPa^{-1}, P = -1,52E-3 /°C, ET[P] = 7,39E-6 /°C, e_0 = 3,000 mm. Le tableau 3.5-7 ci-dessous montre un exemple obtenu pour le point 3 de la ligne 2 où la valeur mesurée de σ_s = -8,79 MPa.

	K_{33} (MPa^{-1})	e_0 (mm)	t (ns)	P (/°C)	T (°C)	σ_s (MPa)
incertitude	± 1,31E-5	± 0,006	± 0,4	± 1,48E-5	± 0,1	± 13,4
Ecart type	6,57E-6	0,003	0,2	7,39E-6	0,05	6,7
Variance	4,32E-11	9,00E-6	4,00E-2	5,46E-11	2.50E-3	44,89
Poids %	0,2	98,7	0,6	0,0	0,6	

Tab.3.5-7. Distributions des erreurs sur σ_s des différents termes mesurés (PC)

Evidemment grâce à la faible variation de température pendant les mesures, la détermination du coefficient de la température P n'introduit presque pas d'erreur, l'incertitude de la somme des contraintes résiduelles provient principalement (98,7%) de la mesure de l'épaisseur d'échantillon.

Cas du thermoplastique PS

Dans le cas de PS, K_{33} = -1,21E-4 MPa^{-1}, ET[K_{33}] = 4,63E-6 MPa^{-1}, P = -8,70E-4 /°C, ET[P] = 3,92E-6 /°C, e_0 = 3,000 mm. Le tableau 3.5-8 ci-dessous montre un exemple obtenu pour le point 3 de la ligne 2 où la valeur mesurée de σ_s = 3,79 MPa.

	K_{33} (MPa^{-1})	e_0 (mm)	t (ns)	P (/°C)	T (°C)	σ_s (MPa)
incertitude	± 9,25E-6	± 0,006	± 0,4	± 7,83E-6	± 0,1	± 23,5
Ecart type	4,63E-6	0,003	0,2	3,92E-6	0,05	11,75
Variance	2,14E-11	9,00E-6	4,00E-2	1,54E-11	2.50E-3	138
Poids %	0,1	99,1	0,6	0,0	0,2	

Tab.3.5-8. Distributions des erreurs sur σ_s des différents termes mesurés (PS)

Dans le cas du PS, l'erreur finale est de ± 23,5 MPa, soit environ deux fois celle obtenue pour PC, ceci étant dû à la faible valeur du coefficient acoustoélastique K_{33} du PS.

3.5.1.4. Comparaison de la mesure C-Scan avec la photoélasticimétrie

Afin de comparer les résultats issus de la méthode C-Scan ultrasonore avec ceux provenant de l'essai de photoélasticimétrie, on choisit toutes les six lignes dans la zone de mesures pour chaque type de plaque, et on présente les profils de la somme des contraintes principales provenant de ces deux moyens d'évaluation sur la même figure.

Pour la plaque PC, la comparaison des résultats obtenus par méthode ultrasonore avec ceux de la photoélasticité sur les lignes 1 et 2 est présentée aux figures 3.5-6, les résultats sur les autres lignes sont dans l'annexe 1.

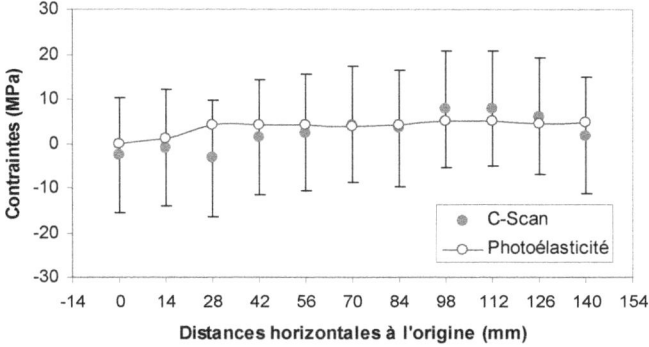

Fig.3.5-6(a). Comparaison suivant ligne 1 (PC)

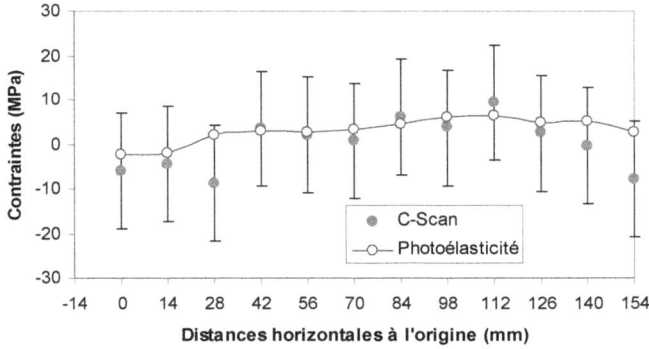

Fig.3.5-6(b). Comparaison suivant ligne 2 (PC)

Dans le cas de la plaque PS, la comparaison des résultats obtenus par méthode ultrasonore avec ceux de la photoélasticité sur les lignes 1 et 2 est présentée aux figures 3.5-7, les résultats sur les autres lignes sont dans l'annexe 2.

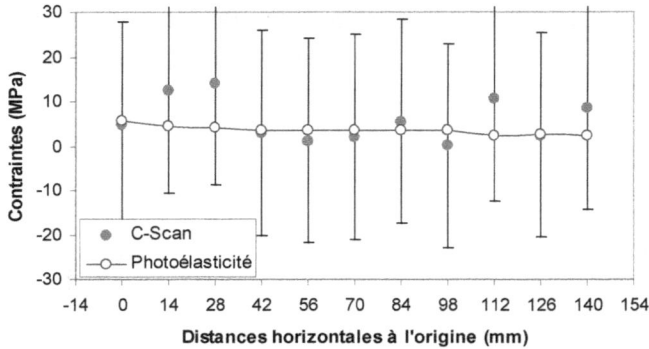

Fig.3.5-7(a). Comparaison suivant ligne 1 (PS)

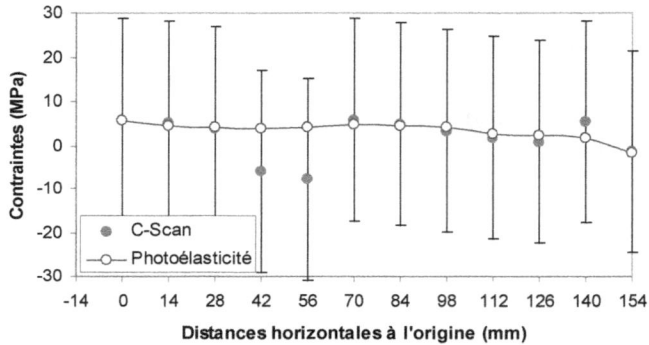

Fig.3.5-7(b). Comparaison suivant ligne 2 (PS)

Les estimations de contraintes obtenues par cartographie ultrasonore et par photoélasticimétrie sont comparables, et manifestent la même tendance. Les résultats issus de la cartographie présentent une légère dispersion par rapport à la photoélasticimétrie, l'erreur estimée pour ce type de mesure est de l'ordre de ±13 MPa pour PC. Pour les mesures concernant la plaque PS, même si l'allure du profil obtenu par la méthode ultrasonore est acceptable, l'erreur qui lui est associée dans ce cas ±23 MPa ne l'est pas.

Les mesures de vitesse de l'onde dans l'épaisseur de la plaque dépendent de la planéité de la surface des pièces, et leur faible épaisseur (≈ 3 mm) nuit à la précision de la mesure. La procédure de calcul des contraintes résiduelles par photoélasticimétrie utilise certains procédés d'interpolation et de moyenne, qui peuvent également induire des erreurs, de plus les niveaux de contraintes sont relativement faibles, inférieurs à ±15 MPa pour les polymères étudiés.

3.5.2. Evaluation des contraintes σ_x et σ_y avec l'onde Lcr

3.5.2.1. Détermination des contraintes σ_x et σ_y sur les plaques

Tous les résultats dans ce paragraphe ont été obtenus avec l'onde Lcr à la fréquence de 2,25 MHz. Les résultats concernant le thermoplastique PC sont présentés dans les tableaux 3.5-9 et 3.5-10.

	P 1	P 2	P 3	P 4	P 5	P 6	P 7	P 8	P 9	P 10	P 11	P 12
Ligne 1	7.78	6.75	5.68	6.10	6.10	4.29	4.82	5.32	4.66	2.72	4.36	
Ligne 2	3.69	6.82	7.43	5.71	5.44	5.97	2.08	3.21	3.49	5.19	3.73	4.63
Ligne 3	5.52	5.43	7.97			5.47	1.93	2.54	2.95	7.05	6.22	6.81
Ligne 4	6.17	6.06	7.58			5.83	3.36	1.01	5.23	6.34	5.93	6.89
Ligne 5	3.77	4.36	4.88	3.92	4.18	5.42	5.61	5.88	6.35	5.90	7.17	5.92
Ligne 6	5.12	4.80	5.08	5.10	5.83	5.69	5.08	5.68	6.24	6.82	5.55	

Tab.3.5-9. Distribution des contraintes σ_x dans la plaque PC (unité : MPa)

	P 1	P 2	P 3	P 4	P 5	P 6	P 7	P 8	P 9	P 10	P 11	P 12
Ligne 1	-1.33	-0.28	-1.16	-1.92	-1.29	0.40	-0.04	-0.16	0.45	0.85	1.24	
Ligne 2	-0.01	-1.48	-2.08	2.74	2.53	-1.21	1.01	0.81	0.68	-0.16	1.24	1.39
Ligne 3	-1.19	-0.91	-2.50			0.09	1.61	0.82	3.21	-0.88	-1.06	-1.39
Ligne 4	-2.55	-2.20	-2.79			-0.17	0.16	1.00	0.19	-0.59	-0.56	-0.45
Ligne 5	0.59	-0.40	-0.77	0.92	0.29	-1.51	0.04	0.25	-0.43	-0.53	-0.67	-0.77
Ligne 6	-1.65	-0.92	-0.73	-1.18	-2.55	-1.45	0.59	-0.23	-0.41	-0.52	-0.23	

Tab.3.5-10. Distribution des contraintes σ_y dans la plaque PC (unité : MPa)

Afin de comparer la distribution des contraintes σ_x et σ_y sur chaque ligne, on les trace sur une même figure, les résultats des lignes 1 et 2 mesurées sont montrés aux figures 3.5-8, les résultats sur les autres lignes sont présentés dans l'annexe 3.

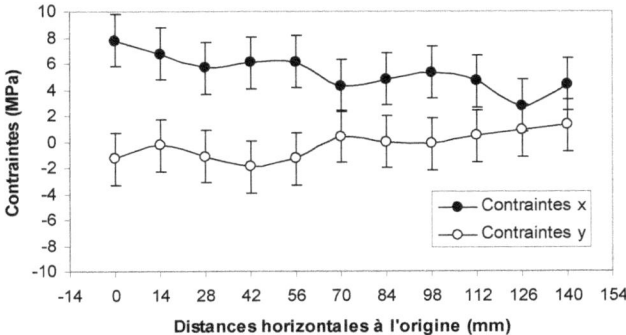

Fig.3.5-8(a). σ_x et σ_y sur ligne 1 (PC)

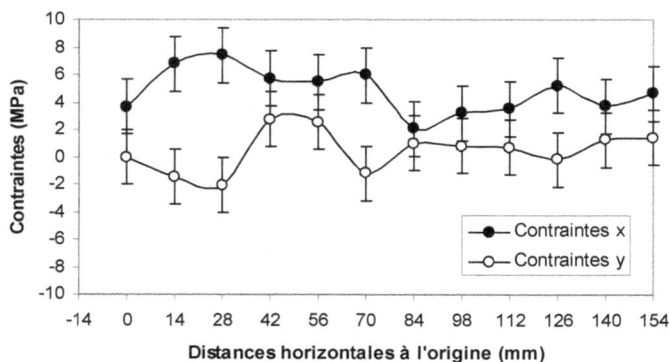

Fig.3.5-8(b). σ_x et σ_y sur ligne 2 (PC)

Les résultats concernant le thermoplastique PS sont présentés dans les tableaux 3.5-11 et 3.5-12.

	P 1	P 2	P 3	P 4	P 5	P 6	P 7	P 8	P 9	P 10	P 11	P 12
Ligne 1	5.32	5.52	5.73	5.63	5.14	4.49	4.05	3.68	3.79	3.95	4.64	
Ligne 2	5.72	5.91	7.05	6.41	4.58	3.79	3.18	2.52	2.87	4.03	4.99	6.51
Ligne 3	5.76	5.90	8.58			6.44	3.49	3.07	4.45	5.94	5.79	6.54
Ligne 4	4.91	5.25	7.49			5.27	4.20	4.29	6.03	6.34	5.57	6.47
Ligne 5	4.85	5.19	5.61	5.63	4.95	4.94	4.27	4.43	4.86	5.66	5.79	6.57
Ligne 6	4.48	4.56	4.40	4.32	4.55	4.85	4.43	4.92	5.06	5.11	5.30	

Tab.3.5-11. Distribution des contraintes σ_x dans la plaque PS (unité : MPa)

	P 1	P 2	P 3	P 4	P 5	P 6	P 7	P 8	P 9	P 10	P 11	P 12
Ligne 1	1.10	0.52	-0.21	-0.03	1.22	0.87	1.06	1.08	1.07	1.92	1.58	
Ligne 2	0.19	0.18	-1.30	-0.19	2.09	0.13	1.42	0.93	1.15	0.73	0.23	-0.26
Ligne 3	-0.07	-0.26	-2.96			-0.64	-0.07	-0.35	-1.16	0.09	-0.57	-0.65
Ligne 4	-0.51	-0.45	-1.92			-1.87	-0.14	-0.38	-1.09	-2.00	-0.83	-0.68
Ligne 5	-1.31	-1.40	-0.64	-2.63	-1.64	-2.96	-0.37	0.08	-0.10	-1.20	-1.33	-1.10
Ligne 6	-1.07	-0.53	-0.91	-1.37	-1.45	-1.24	-0.18	-0.21	0.02	-0.24	-0.27	

Tab.3.5-12. Distribution des contraintes σ_y dans la plaque PS (unité : MPa)

Afin de comparer la distribution des contraintes σ_x et σ_y sur chaque ligne, on les trace toujours sur une même figure, les résultats des lignes 1 et 2 mesurées sont montrés aux figures 3.5-9, les résultats sur les autres lignes sont dans l'annexe 4.

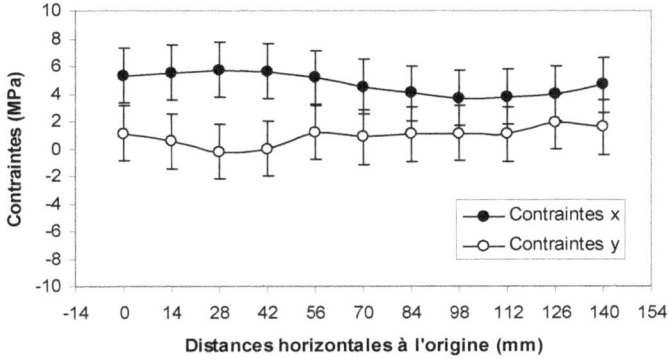

Fig.3.5-9(a). σ_x et σ_y sur ligne 1 (PS)

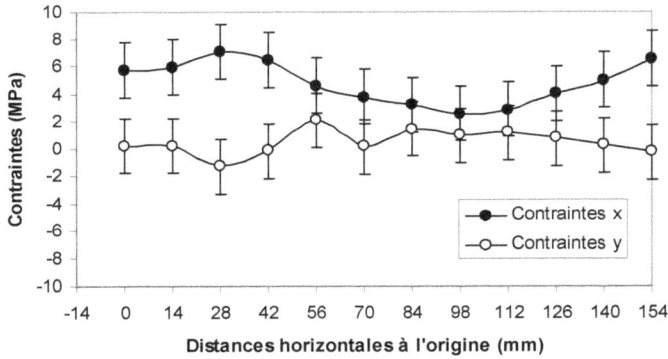

Fig.3.5-9(b). σ_x et σ_y sur ligne 2 (PS)

Pour les deux plaques PC et PS, les contraintes σ_x sont généralement de traction et σ_y est légèrement en compression. La valeur absolue de σ_x est plus grande que celle de σ_y, ce qui veut dire que les contraintes résiduelles sont introduites lors de la procédure de fabrication, et qu'elles proviennent principalement de la contraction de la plaque injectée dans le moule lors du refroidissement.

3.5.2.2. Estimation de l'erreur sur la détermination de σ_x et σ_y

On estime l'erreur de mesure concernant σ_x et σ_y obtenues à partir des mesures effectuées avec l'onde Lcr pour PC et PS, en utilisant les équations 2.10-5 et 2.10-6.

Les conditions expérimentales sont identiques à celles des mesures C-Scan, on a donc toujours $dT_x = dT_y = 0,1\ °C$, par conséquent $ET[T_x] = 0,05\ °C$.

Pour déterminer les écart-types des mesures de temps de parcours de l'onde Lcr suivant les directions Ox et Oy, on réalise 10 fois la mesure pour une position donnée de la plaque, et on obtient l'écart type de reproductibilité $ET[t_x^0] = ET[t_y^0] = 2$ ns. Evidemment la reproductibilité de la mesure est un peu moins bonne que celle obtenue par C-Scan, puisque les mesures sont réalisées manuellement.

Cas du thermoplastique PC

Dans le cas de la plaque PC, on a K_{11} = -6,66E-4 MPa^{-1}, ET[K_{11}] = 1,12E-5 MPa^{-1}, K_{22} = -2,12E-4 MPa^{-1}, ET[K_{22}] = 6,57E-6 MPa^{-1}, P = -1,52E-3 /°C, ET[P] = 7,39E-6 /°C. Le tableau 3.5-13 montre un exemple de calcul de l'erreur pour le point 3 de la ligne 2 sur la plaque PC, où σ_x = 7,43 MPa, σ_y = -2,08 MPa.

	K_{11} (MPa^{-1})	K_{22} (MPa^{-1})	t_x^0 (ns)	t_y^0 (ns)	P (/°C)	T_x (°C)	σ_x (MPa)	σ_y (MPa)
Incertitude	± 2,24E-5	± 1,31E-5	± 4	± 4	± 1,48E-5	± 0,1	± 1,5	± 1,5
Ecart type	1,12E-5	6,57E-6	2	2	7,39E-6	0,05	0,75	0,75
Variance	1,25E-10	4,32E-11	4	4	5,46E-11	2,50E-3	0,5625	0,5625
Poids sur V[σ_x]	4,3	0,4	80,5	8,1	0,0	6,6		
Poids sur V[σ_y]	1,3	1,5	8,4	82,0	0,0	6,8		

Tab.3.5-13. Distributions des erreurs sur σ_x et σ_y (PC)

Cas du thermoplastique PS

Dans le cas de la plaque PS, on a K_{11} = -7,72E-4 MPa^{-1}, ET[K_{11}] = 4,44E-6 MPa^{-1}, K_{22} = -1,21E-4 MPa^{-1}, ET[K_{22}] = 4,63E-6 MPa^{-1}, P = -8,70E-4 /°C, ET[P] = 3,92E-6 /°C. Le tableau 3.5-14 montre un exemple de calcul de l'erreur pour le point 3 de la ligne 2 sur la plaque PS, où σ_x = 7,05 MPa, σ_y = -1,30 MPa.

	K_{11} (MPa^{-1})	K_{22} (MPa^{-1})	t_x^0 (ns)	t_y^0 (ns)	P (/°C)	T_x (°C)	σ_x (MPa)	σ_y (MPa)
incertitude	± 8,87E-6	± 9,25E-6	± 4	± 4	± 7,83E-6	± 0,1	± 1,1	± 1,1
Ecart type	4,44E-6	4,63E-6	2	2	3,92E-6	0,05	0,55	0,55
Variance	1,97E-11	2,14E-11	4	4	1,54E-11	2,5E-3	0,3025	0,3025
Poids sur V[σ_x]	0,6	0,1	94,7	2,3	0,0	2,3		
Poids sur V[σ_y]	0,1	0,7	2,3	94,6	0,0	2,3		

Tab.3.5-14. Distributions des erreurs sur σ_x et σ_y (PS)

Comme la distance de parcours reste constante lors de ces essais, l'incertitude sur le calcul de la contrainte est nettement meilleure que celle des mesures C-Scan. Dans ce cas, l'incertitude sur la contrainte mesurée provient principalement ($\approx 80\%$) de la mesure de temps de parcours suivant la direction de la contrainte. Grâce au contrôle de la température ambiante, la détermination du coefficient de la température P n'introduit presque pas d'erreur.

3.5.2.3. Comparaison $\sigma_x + \sigma_y$ avec les résultats de photoélasticimétrie

Afin de vérifier nos résultats obtenue avec l'onde Lcr à f = 2,25 MHZ, nous les avons comparés avec ceux issus de l'essai de photoélasticimétrie. La comparaison avec la photoélasticimétrie est effectuée à partir de la somme $\sigma_x + \sigma_y$, qui est présentée pour ligne 1 et 2 de mesure de la plaque PC aux figures 3.5-10, les résultats sur les autres lignes sont dans l'annexe 5.

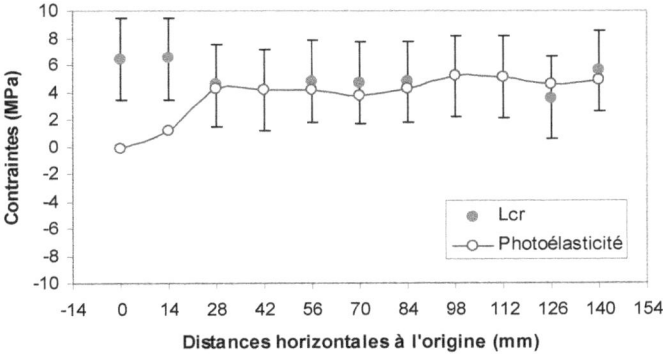

Fig.3.5-10(a). Somme des contraintes sur ligne 1 (PC)

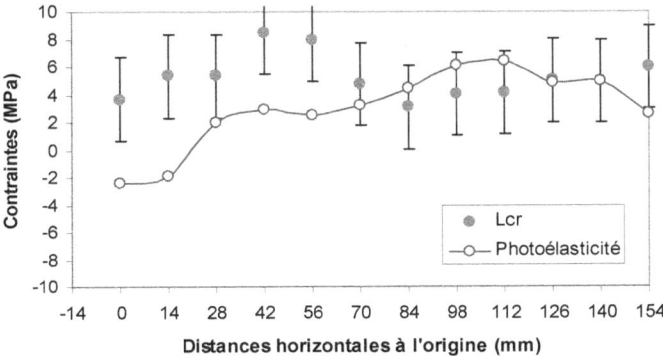

Fig.3.5-10(b). Somme des contraintes sur ligne 2 (PC)

Dans le cas de la plaque en PS, les comparaisons correspondantes sont montrées aux figures 3.5-11, les résultats sur les autres lignes sont dans l'annexe 6.

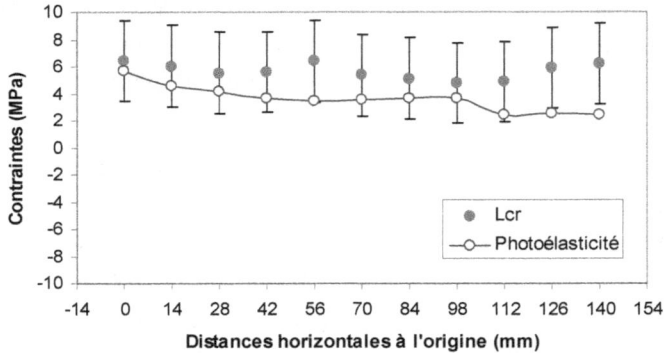

Fig.3.5-11(a). Somme des contraintes sur ligne 1 (PS)

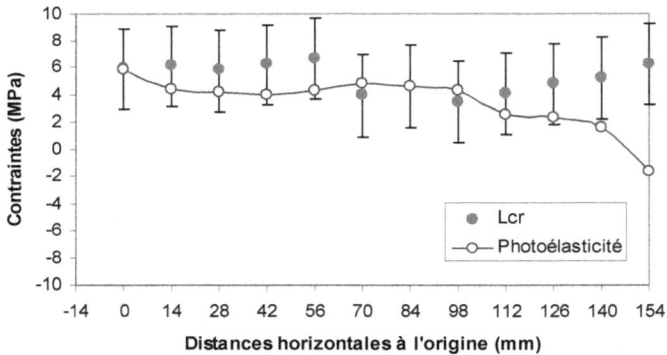

Fig.3.5-11(b). Somme des contraintes sur ligne 2 (PS)

Les résultats obtenus avec l'onde Lcr et ceux issus de la photoélasticimétrie montrent des profils semblables, pour les lignes 1 et 2 qui sont éloignées de la zone de l'extracteur situé entre les points 4 et 5 de la ligne 3 et 4, sauf certaines positions.

L'analyse des isostatiques obtenues par photoélasticimétrie pour les deux plaques, a montré que les orientations des contraintes principales dans les deux régions, côté gauche pour la plaque PC et côté droit pour la plaque PS sont différentes des directions Ox et Oy. Les valeurs des contraintes de cisaillement sont plus importantes dans ces deux zones après le changement de repère, et par conséquent, on ne peut pas négliger leur influence.

3.5.3. Conclusion partielle sur l'utilisation de la méthode US

La méthode ultrasonore basée sur la mesure des vitesses dans l'épaisseur donne une bonne approche de la mesure des contraintes moyennes dans l'épaisseur, mais sa précision n'est pas suffisante, à cause de la faible épaisseur des plaques.

Pour l'utilisation de l'onde Lcr, la connaissance des directions principales des contraintes dans la pièce est très importante. Elle conditionne les résultats obtenus à partir de l'effet acoustoélastique, puisque les constantes sont déterminées lorsque la charge s'applique suivant la direction de propagation de l'onde. Si l'on s'éloigne des directions principales, la détermination des contraintes se trouve faussée.

3.6. Résultats sur les nouvelles plaques PC et PS

Pour meilleure précision de la mesure, nous orientons maintenant notre étude vers l'utilisation de l'onde Lcr pour la détermination des contraintes dans les thermoplastiques, et allons fabriquer deux nouvelles séries d'échantillons en PC et PS, avec des niveaux de contraintes internes différents, afin de pouvoir déterminer les contraintes résiduelles juste après leur fabrication.

Nous nous limiterons à présenter les résultats concernant les lignes 1 et 2, les résultats sur les autres lignes sont dans l'annexe 7, 8, 9, 10. La méthode de mesure est identique à celle utilisée précédemment sur les éprouvettes partiellement relaxées.

3.6.1. Mesures sur les plaques réalisées en PC (f = 2,25 MHZ)

La variation relative des temps de propagation entre les deux récepteurs dans les directions Ox et Oy permet de déterminer σ_x et σ_y. Le temps de référence est pris sur les échantillons en PC détensionnés.

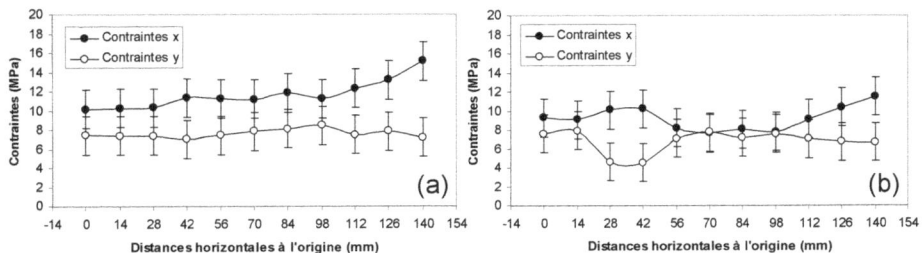

Fig.3.6-1. PC ligne 1, (a) contraintes niveau 1 (b) contraintes niveau 2

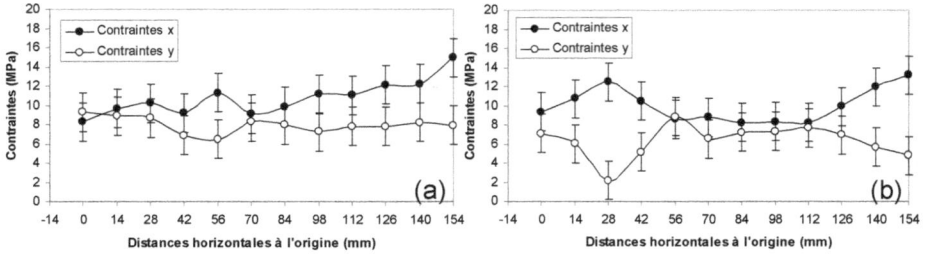

Fig.3.6-2. PC ligne 2, (a) contraintes niveau 1 (b) contraintes niveau 2

On trouve que les deux types de plaques PC manifestent la même tendance de variation. Globalement les niveaux des contraintes σ_x sont plus grands que ceux des contraintes σ_y, et les deux composantes évoluent de manière opposée en s'éloignant du point d'injection. Les contraintes σ_x de niveau 1 sont toujours un peu plus grandes que celles mesurées dans la plaque avec contraintes de niveau 2.

3.6.2. Mesures sur les plaques réalisées en PS (f = 2,25 MHZ)

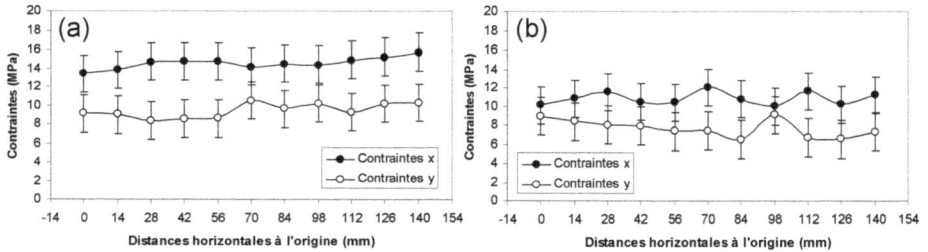

Fig.3.6-3. PS ligne 1, (a) contraintes niveau 1 (b) contraintes niveau 2

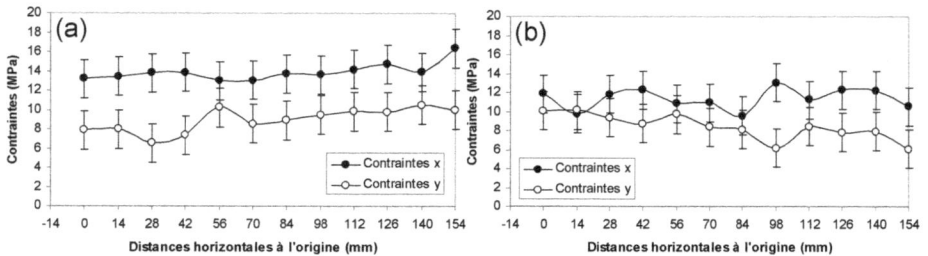

Fig.3.6-4. PS ligne 2, (a) contraintes niveau 1 (b) contraintes niveau 2

La détermination des contraintes σ_x et σ_y est obtenue à partir de la variation relative des temps de propagation entre les deux récepteurs dans les directions Ox et Oy. Le temps de référence est pris sur les échantillons en PS détensionnés.

Les mesures réalisées sur les nouvelles plaques en PS montrent que les contraintes σ_x et σ_y ne varient pas beaucoup suivant la distance au point d'injection, c'est la composante σ_x qui a l'amplitude la plus importante. Les contraintes σ_x de niveau 1 sont toujours plus grandes que celles mesurées dans la plaque avec contraintes de niveau 2.

3.6.3. Comparaison avec la photoélasticimétrie

La méthode de photoélasticimétrie nous permet de voir la distribution des isochromes avec le polariscope circulaire. Compte tenu que les différentes franges colorées correspondent aux différents ordres de frange (Fig.1.3-13) qui sont reliés à la différence des contraintes principales dans le matériau par l'expression Eq.1.3-13, on peut évaluer l'amplitude des contraintes dans les plaques polymères à partir de leurs isochromes. Les comparaisons des isochromes des nouvelles plaques sont présentées ci-après. Les figure 3.6-5(a) et (b) correspondent aux nouvelles plaques PC et PS réalisées avec des niveaux 1 ou 2 de contraintes.

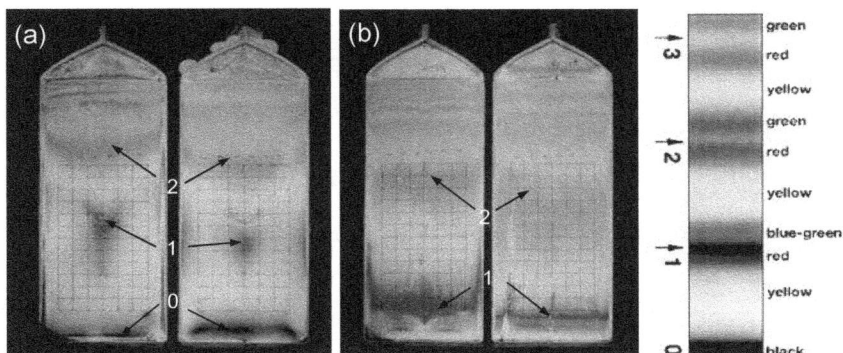

Fig.3.6-5 (a) PC niveau 2 (gauche) et niveau 1 (droite)
(b) PS niveau 2 (gauche) et niveau 1 (droite)

On voit que la distribution des isochromes des plaques avec contraintes de niveau 1 ou 2 est similaire pour chaque matériau, surtout dans la région de mesure. Les isochromes sont un peu plus serrées dans le cas des plaques avec contraintes de niveau 1. La frange noire d'ordre 0 est située au bord opposé de l'entrée d'injection, et les ordres de frange augmentent quand on remonte vers l'entrée d'injection, et par conséquent la différence des

137

contraintes principales. La figure 3.6-5 montre que dans la zone de mesure, les contraintes de niveau 1 sont légèrement plus importantes que celles de niveau 2, ce que confirment les résultats obtenus avec les mesures effectuées avec l'onde Lcr.

La comparaison des résultats expérimentaux entre la cartographie de vitesse dans l'épaisseur par C-Scan et la photoélasticimétrie, montre que pour les plaques partiellement relaxées la concordance entre les deux mesures est assez bonne. Dans le cas des nouvelles plaques réalisées avec les niveaux 1 et 2 de contrainte, les estimations de photoélasticimétrie sont généralement plus faibles. En fait, les deux méthodes déterminent les contraintes résiduelles selon des principes différents. La photoélasticimétrie se base principalement sur le phénomène de biréfringence. Wimberger-Friedl [WIM95] a indiqué pour les polymères amorphes injectés que ce moyen etait plus sensible aux contraintes d'écoulement.

Si l'on suppose que la plupart des contraintes thermiques dans les anciennes plaques se sont relaxées à cause du temps de stockage dans la salle climatisée, la concordance des deux mesures (C-Scan et Photoélasticité) sur ces plaques est donc acceptable. Par contre, comme on a stocké les nouvelles plaques dans le congélateur à -20 °C toute de suite après leur fabrication, les contraintes thermiques sont restées figées dans les pièces. En conséquence, l'estimation des contraintes par photoélasticimétrie est plus faible que celles obtenue avec les mesures de vitesse dans l'épaisseur, car la méthode optique sous évalue la contribution des contraintes thermiques.

3.6.4. Influence de la fréquence de mesure sur les résultats

Dans ce qui va suivre, nous allons comparer les résultats obtenus à la fréquence de 2,25 MHz avec celles à 3,5 MHz et 5 MHz pour les plaques PC et PS réalisées avec des contraintes de niveau 1. L'objectif est d'essayer d'estimer les contraintes moyennes dans des épaisseurs différentes en changeant la fréquence de l'onde pour générer des longueurs d'ondes plus ou mois importantes, sachant que l'onde Lcr a sa pénétration qui dépend de sa longueur d'onde [BRA01, QOZ08].

Cas des plaques PC

Comme le montrent Fig.3.6-6 et Fig.3.6-7, en comparant avec les mesures effectuées aux fréquences de 2,25 MHz et 5 MHz, on ne retrouve pas le même comportement de l'amplitude des composantes σ_x et σ_y avec le trajet d'écoulement. Par contre, les niveaux des contraintes σ_x mesurées à la fréquence de 5 MHz sont nettement inférieurs à ceux déterminés à la fréquence de 2,25 MHz. Tous les résultats aux fréquences de 3,5 MHz et 5 MHz sur la plaque en PC sont présentés dans l'annexe 9.

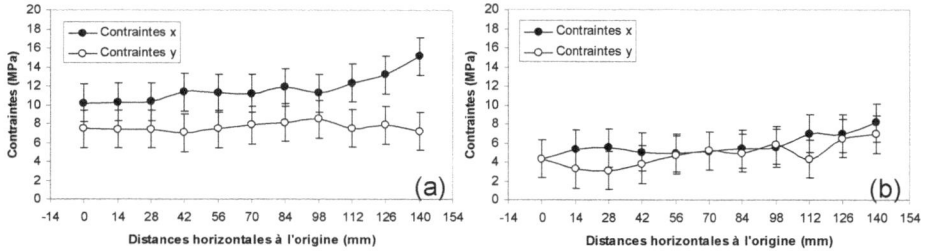

Fig.3.6-6. PC contraintes niveau 1, ligne 1, (a) f = 2,25 MHz, (b) f = 5 MHz

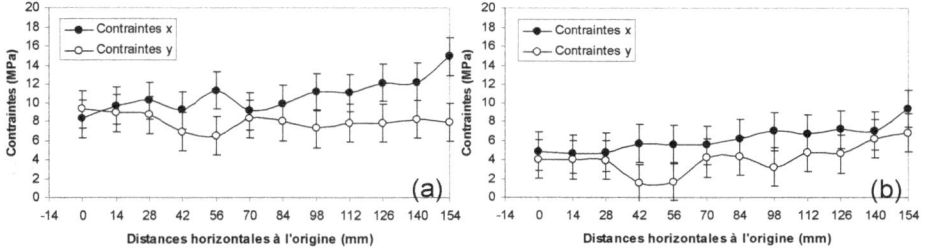

Fig.3.6-7. PC contraintes niveau 1, ligne 2, (a) f = 2,25 MHz, (b) f = 5 MHz

Cas des plaques PS

Dans le cas de PS (Fig.3.6-8 et Fig.3.6-9), les contraintes σ_x et σ_y mesurées aux fréquences de 2,25 MHz et de 5 MHz augmentent légèrement avec la distance au point d'injection, mais contrairement au cas des plaques PC, les amplitudes des résultats à la fréquence de 5 MHz sont un peu plus importantes. Tous les résultats aux fréquences de 3,5 MHz et de 5 MHz sur la plaque en PS sont présentés dans l'annexe 10.

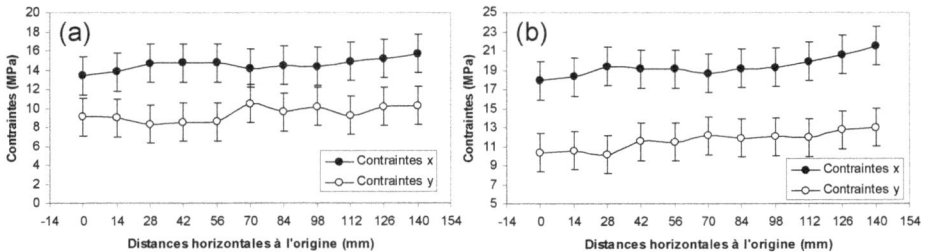

Fig.3.6-8. PS contraintes niveau 1, ligne 1, (a) f = 2,25 MHz, (b) f = 5 MHz

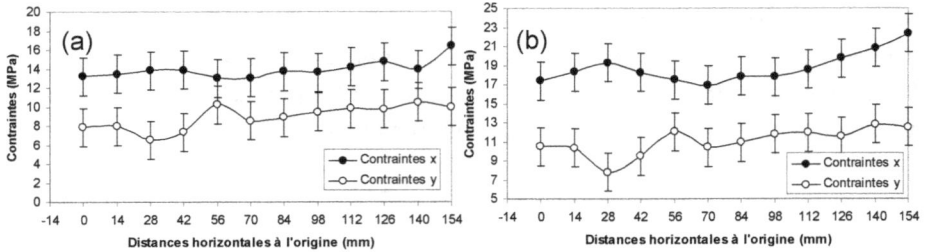

Fig.3.6-9. PS contraintes niveau 1, ligne 2, (a) f = 2,25 MHz, (b) f = 5 MHz

3.6.5. Discussion

Les contraintes estimées en utilisant les ondes Lcr correspondent à une valeur moyennée dans une partie de l'épaisseur de la pièce sur le trajet de propagation de l'onde. La profondeur de pénétration de l'onde Lcr n'est pas clairement définie, les travaux de Qozam [QOZ08] ont montré qu'elle était de l'ordre de 1,8λ dans les aciers de chaudronnerie. En appliquant ce résultat au cas des polymères thermoplastiques, la pénétration de l'onde Lcr pour la fréquence de 2,25 MHz serait d'environ de 1,8 mm, elle passerait à 1,2 mm et 0,8 mm pour les fréquence de 3,5 MHz et de 5 MHz. Bray [BRA01] a également montré dans le cas d'une pièce soumise en flexion que les variations de vitesses dépendaient de la fréquence, et donc qu'il devait exister une relation entre la fréquence et la profondeur de pénétration. Ces premiers résultats dans le cas des thermoplastiques confortent cette hypothèse, puisque ces matériaux sont connus pour générer lors de leur fabrication des gradients de contraintes dans leur épaisseur.

D'après les différents types de profils des contraintes dans l'épaisseur de la pièce trouvés dans la bibliographie [KAB98, KIM07], on ne peut pas actuellement statuer sur la validité des résultats obtenus avec l'onde Lcr en fonction de la fréquence utilisée. Il faudrait mettre en œuvre soit la méthode du trou incrémental, soit une autre technique basée sur la relaxation par enlèvement de matière pour confirmer les différences obtenues avec l'onde Lcr en utilisant les fréquences de 2,25 MHz, 3,5 MHz et 5 MHz.

3.7. Conclusion

■ *Validation de la propagation des ondes Lcr dans la plaque PC*

Le calcul du coefficient $R(\theta, f)$ montre que l'on retrouve bien un angle d'environ 41° correspondant au 1er angle critique, qui permet de générer

140

l'onde Lcr. La vitesse de phase calculée tend vers la vitesse de l'onde longitudinale. Il y aurait certainement intérêt à travailler à fréquence plus élevée (5 à 10 MHz).

- *Caractérisation de l'effet AE dans les polymères thermoplastiques*

Les courbes expérimentales présentent un comportement linéaire conforme à la théorie de l'acoustoélasticité. Les valeurs des coefficients acoustoélastiques K_{33} déterminés pour les deux polymères thermoplastiques ne dépendent pas de la position du capteur (champ proche ou lointain). L'effet acoustoélastique est plus fort dans le cas du PC (K_{33} = -2,12×10^{-4} MPa^{-1}) que dans celui de PS (K_{33} = -1,21×10^{-4} MPa^{-1}).

Les valeurs de K_{11} sont beaucoup plus grandes que celle de K_{33}, on trouve -6,66×10^{-4} MPa^{-1} pour PC, et -7,72×10^{-4} MPa^{-1} pour PS ce qui confirme que les ondes Lcr sont de beaucoup plus sensibles à l'effet acoustoélastique.

- *Effet de la température sur la mesure des contraintes*

L'effet de la température sur la vitesse de propagation doit être pris en compte lors de la détermination des contraintes par méthode ultrasonore. Les vitesses de propagation diminuent linéairement en fonction de la température pour les deux matériaux étudiés. Il est donc nécessaire de relever la température lors des mesures ultrasonores, et de corriger les valeurs de vitesse de l'onde.

On trouve que les coefficients P relatifs à la température sont différents pour les deux polymères : P = -1,52×10^{-3} /°C pour PC et P = -0,87×10^{-3} /°C pour PS.

- *Détermination des contraintes moyennes par photoélasticimétrie*

On peut déterminer les valeurs des contraintes principales pour chaque point dans la zone correspondant à une force donnée. D'après l'équation 2.4-5, on peut ensuite déterminer le coefficient de frange « *f* ». Pour le matériau PC, *f* = 25.53 MPa·mm/frange. Dans le cas de PS, on utilisera la valeur du coefficient « *f* » trouvée dans la bibliographie [SUN06], soit *f* = -9,93 MPa·mm/frange, puisqu'on n'est pas arrivé à libérer complètement les contraintes résiduelles dans les éprouvettes.

Puis, en utilisant les distributions des isochrome pour les plaques en PC et PS, on peut séparer les contraintes principales dans les plaques par le moyen de l'intégration le long d'une droite particulière.

- *Validation de la méthode ultrasonore*

Les estimations de contraintes obtenues par cartographie ultrasonore et par photoélasticimétrie sont comparables, et manifestent la même tendance. Mais les mesures de vitesse dépendent de la planéité de la surface des plaques, et leur faible épaisseur ($\approx$ 3 mm) nuit à la précision de la mesure. Les résultats issus de la cartographie présentent une légère dispersion par rapport à la photoélasticimétrie, l'erreur estimée pour ce type de mesure est de l'ordre de ±13 MPa pour PC et de ±23 MPa pour PS. Ces niveaux d'erreur ne sont pas acceptables car ils sont, soit du même ordre de grandeur des contraintes mesurées (PC), soit équivalent au double de leur valeur (PS). Ces observations nous ont conduits à utiliser les ondes Lcr pour déterminer les contraintes dans les polymères thermoplastiques.

- *Utilisation de l'onde Lcr pour déterminer σ_x et σ_y*

L'intérêt principal de l'onde Lcr est qu'on peut la propager dans les différentes directions du plan de la plaque, et que par conséquent il est possible de déterminer les contraintes biaxiales dans le plan. De plus ces ondes longitudinales lorsqu'on les propage suivant les directions principales des contraintes, sont les plus sensibles à l'effet AE, $K_{11} \approx 3,1 K_{33}$ pour PC et $K_{11} \approx 6,4 K_{33}$ pour PS.

L'analyse des isostatiques obtenues par photoélasticimétrie pour les deux plaques, a montré que les orientations des contraintes principales peuvent différer des directions Ox et Oy dans certaines zones de mesure. En dehors des zones, les résultats obtenus avec l'onde Lcr et ceux issus de la photoélasticimétrie montrent que les profils sont semblables pour les lignes qui sont éloignées de la zone de l'extracteur. La composante σ_x suivant la direction de l'écoulement est en traction, la composante σ_y dans le sens transverse est pratiquement nulle si l'on considère l'erreur de mesure. Ces résultats obtenus sur des plaques ayant été stockées dans une salle climatisée pendant un an, ont permis de valider la mesure ultrasonore des contraintes à partir de l'onde Lcr.

- *Détermination de σ_x et σ_y avec l'onde Lcr dans les plaques PC et PS après fabrication*

Les mesures réalisées sur les nouvelles plaques en PC et PS montrent que les contraintes σ_x et σ_y ne varient pas beaucoup suivant la distance au point d'injection, les deux composantes correspondent à des contraintes de traction, c'est la composante σ_x qui a l'amplitude la plus importante.

La méthode de photoélasticimétrie nous a permis de vérifier dans la zone de mesure des nouvelles plaques PC et PS que les contraintes de niveau 1 sont légèrement plus importantes que celles de niveau 2, ce que confirment les résultats obtenus avec les mesures utilisant l'onde Lcr.

- *Influence de la fréquence utilisée sur l'épaisseur sondée*

Seules les ondes de Rayleigh sont de vraies ondes de surface, dont la pénétration dans le matériau semi-infini est de l'ordre d'une longueur d'onde λ, à cette profondeur 10% de l'énergie est encore propagée et à deux longueurs d'onde il n'en reste plus que 2%. Les ondes Lcr ne sont pas des ondes de surface, toutefois elles se propagent au voisinage de cette surface et des travaux récents [QOZ08] ont montré que dans le cas des aciers, cette profondeur était de l'ordre de $1,8\lambda$. Si l'on applique ce résultat au cas des polymères thermoplastiques, des mesures effectuées à la fréquence de 2,25 MHz correspondraient à une profondeur de pénétration d'environ 1,8 mm, et pour les fréquences de 3,5 MHz et de 5 MHz, on obtiendrait respectivement 1,2 mm et 0,8 mm.

Les résultats obtenus avec l'onde Lcr à ces trois fréquences, ont montré des différences entre les trois profils. Cette perspective permet d'envisager la détermination de contraintes moyennées sur des épaisseurs plus ou moins élevées à l'intérieur de la pièce, à condition de vérifier par une autre méthode les résultats obtenus par la méthode ultrasonore avec l'onde Lcr et d'effectuer une étude théorique sur la propagation des ondes Lcr dans les matériaux polymères thermoplastiques.

Conclusions et Perspectives

Le premier chapitre de cette thèse est consacré au l'étude bibliographique, qui a permis d'effectuer la synthèse des mécanismes qui permettent d'expliquer les différentes origines des contraintes résiduelles dans les polymères thermoplastiques : les contraintes d'origine thermique, les contraintes figées et les contraintes d'écoulement.

Les contraintes thermiques sont générées lors du refroidissement de la pièce. En fonction de sa température, le polymère peut être dans l'un des états suivants : solide vitreux, solide viscoélastique ou liquide visqueux, qui affectent les propriétés mécaniques du polymère. Pour les polymères amorphes, il n'y a pas de transition d'état bien définie. Les chercheurs ont défini approximativement la température de transition vitreuse T_g pour séparer les états élastique et viscoélastique.

Les contraintes figées sont issues de la pression de solidification et sont également très importantes. Pendant la procédure d'injection, les contraintes résiduelles se développent dans la phase solide, leur amplitude est égale à la pression P lors de la solidification. La pression lors de solidification de la pièce est non homogène en fonction du temps, ni dans l'épaisseur.

Les contraintes d'écoulement proviennent principalement du gradient des vitesses de l'écoulement non-isotherme auquel est soumis le polymère fondu dans le moule pendant l'étape de remplissage et la relaxation des contraintes pendant l'étape suivant le remplissage. L'écoulement transporte les particules du fluide issues de la zone de front, vers la paroi du moule, il est également appelé « écoulement de fontaine ».

Ce premier chapitre nous a également permis de faire le point sur les différentes méthodes destructives et non destructives permettant de déterminer les contraintes dans les polymères thermoplastiques. Il n'existe pas actuellement de méthode non destructive adaptée à ce cas, permettant d'envisager un contrôle rapide pouvant s'adapter facilement au cas des pièces à caractère industriel, si ce n'est la méthode ultrasonore.

Cette méthode, déjà utilisée dans le cas des matériaux métalliques, repose sur l'effet acoustoélastique qui relie la variation des vitesses de propagation des ondes ultrasonores à l'état de déformation du solide et par conséquent des contraintes du milieu où elles se propagent. Elle propose une approche originale d'évaluation non destructive des contraintes dans les matériaux. Notre étude confirme le potentiel de cette méthode pour évaluer les contraintes résiduelles dans les pièces injectées en polymère amorphes.

Le second chapitre de cette étude a été consacré aux différentes méthodes expérimentales utilisées. Dans un premier temps nous avons effectué les caractérisations mécaniques des plaques qui ont été fabriquées. Ensuite, la méthode de photoélasticimétrie a été mise en place afin de servir de méthode de comparaison pour nos polymères amorphes PC et PS.

Dans la seconde partie du chapitre, nous avons décrit les conceptions des supports de capteurs et les calibrages du changement de vitesse de l'onde en fonction de la force appliquée et de la température. La partie conception des montages utilisés pour les différents calibrages (K_{33} et K_{11}) et surtout celle du capteur Lcr a pris beaucoup de temps. Cela est dû aux différentes vérifications qui ont été faites avant la conception : optimisation de l'angle d'incidence commun (41°) pour PC et PS, évaluation de la distance minimum entre l'émetteur et le premier récepteur (27 mm) pour obtenir une vitesse de propagation stable de l'onde Lcr. Le soin apporté à cette démarche expérimentale a démontré qu'il avait largement contribué à la qualité des mesures obtenues.

Afin d'évaluer les contraintes dans les échantillons, on a utilisé deux modes pendant notre étude. L'onde longitudinale de volume se propageant à travers l'épaisseur de l'échantillon, en réalisant des cartographies C-Scan de vitesses sur les plaques, ce qui permet d'évaluer la moyenne des contraintes dans l'épaisseur. L'onde longitudinale réfractée à l'angle critique (Lcr), pénètre à une profondeur au-dessous de la surface de l'échantillon encore mal connue, elle peut donner une estimation des contraintes près de la surface. Parce qu'elle se propage dans le plan suivant la direction des contraintes appliquées, le coefficient acoustoélastique (K_{11}) est plus grand que celui des ondes longitudinales dans la direction de l'épaisseur d'échantillon (K_{33}), ce qui permet d'améliorer la résolution des mesures.

Le dernier chapitre de cette thèse est consacré aux résultats expérimentaux qui concernent la détermination des contraintes résiduelles dans les polymères thermoplastiques.

Validation de la propagation des ondes Lcr dans les thermoplastiques

Le calcul du coefficient $R(\theta, f)$ et la vitesse de phase calculée qui tend vers la vitesse de l'onde longitudinale nous permet de valider la possibilité de travailler avec les ondes Lcr dans les matériaux thermoplastiques de faible épaisseur. Les signaux ultrasonores obtenus après leur passage dans le matériau nous conforte dans cette analyse.

Caractérisation de l'effet AE dans les polymères thermoplastiques

Le comportement linéaire conforme à la théorie de l'acoustoélasticité, est vérifié pour les deux polymères thermoplastiques PC et PS. Les valeurs des coefficients acoustoélastiques K_{33} déterminés pour les deux polymères ne dépendent pas de la position du capteur (champ proche ou lointain). L'effet acoustoélastique est plus fort dans le cas du PC (K_{33} = -2,12×10^{-4} MPa^{-1}) que dans celui de PS (K_{33} = -1,21×10^{-4} MPa^{-1}). Les valeurs de K_{11} sont beaucoup plus grandes que celle de K_{33}, on trouve -6,66×10^{-4} MPa^{-1} pour PC, et -7,72×10^{-4} MPa^{-1} pour PS ce qui confirme que les ondes Lcr sont de beaucoup plus sensibles à l'effet acoustoélastique.

Effet de la température sur la mesure des contraintes

L'effet de la température sur la vitesse de propagation doit être pris en compte lors de la détermination des contraintes par méthode ultrasonore. Les vitesses de propagation diminuent linéairement en fonction de la température pour les deux polymères étudiés.

On trouve que les coefficients P relatifs à la température sont différents pour les deux polymères P = -1,52×10^{-3} /°C pour PC et P = -0,87×10^{-3} /°C pour PS. Il est donc nécessaire de relever la température lors des mesures ultrasonores, et de corriger les valeurs de vitesse, car une variation de ±1 °C entraine une variation de la contrainte mesurée de ±7,2 MPa avec la méthode C-Scan et de ±2,3 MPa avec l'onde Lcr pour le PC.

Détermination des contraintes moyennes par photoélasticimétrie

A partir des essais d'étalonnage, on peut déterminer les coefficients de frange f des matériaux. Pour le matériau PC, f = 25.53 MPa·mm/frange. Dans le cas de PS, on utilisera la valeur du coefficient f trouvée dans la bibliographie [SUN06], soit f = -9,93 MPa·mm/frange, puisqu'on n'est pas arrivé à libérer complètement les contraintes résiduelles dans la plaque.

Puis, en utilisant les distributions des isochrome pour les plaques en PC et PS, on peut séparer les contraintes principales dans les plaques par le moyen de l'intégration le long d'une droite particulière.

Validation de la méthode ultrasonore

Les estimations de contraintes obtenues par cartographie ultrasonore et par photoélasticimétrie sont comparables, et manifestent la même tendance. Mais les mesures de vitesse dépendent de la planéité de la surface des plaques, et leur faible épaisseur ($\approx$ 3 mm) nuit à la précision de la mesure. Les résultats issus de la cartographie présentent une légère dispersion par rapport à la photoélasticimétrie, l'erreur estimée pour ce type de mesure est de l'ordre de $\pm$13 MPa pour PC et de $\pm$23 MPa pour PS. Ces niveaux d'erreur ne sont pas acceptables car ils sont, soit du même ordre de grandeur des contraintes mesurées (PC), soit équivalent au double de ces valeurs (PS). Ces observations nous ont conduits à utiliser les ondes Lcr pour déterminer les contraintes dans les polymères thermoplastiques.

Utilisation de l'onde Lcr pour déterminer σ_x et σ_y

L'intérêt principal de l'onde Lcr est qu'on peut la propager dans les différentes directions du plan de la plaque, et que par conséquent il est possible de déterminer les contraintes biaxiales dans le plan. De plus ces ondes longitudinales lorsqu'on les propage suivant les directions principales des contraintes, sont les plus sensibles à l'effet AE, $K_{11} \approx 3,1 K_{33}$ pour PC et $K_{11} \approx 6,4 K_{33}$ pour PS.

Grâce à une distance de propagation de l'onde qui reste fixe entre les deux récepteurs, cette technique s'affranchit des problèmes liés à faible l'épaisseur de la plaque, l'erreur de mesure est beaucoup plus faible et reste inférieure à $\pm$2 MPa.

Dans la région où les orientations des contraintes principales des plaques sont globalement identiques avec des directions Ox et Oy, les résultats obtenus avec l'onde Lcr à la fréquence de 2,25 MHz et ceux issus de la photoélasticimétrie montrent les profils semblables pour les lignes qui sont éloignées de la zone de l'extracteur. La composante σ_x suivant la direction de l'écoulement est en traction, la composante σ_y dans le sens transverse est pratiquement nulle si l'on considère l'erreur de mesure. Ces résultats obtenus sur des plaques ayant été stockées dans une salle

147

climatisée pendant un an, ont permis de valider la mesure ultrasonore des contraintes à partir de l'onde Lcr.

Détermination de σ_x et σ_y avec l'onde Lcr dans les plaques PC et PS après fabrication

Les mesures réalisées sur les nouvelles plaques en PC et PS montrent que les contraintes σ_x et σ_y ne varient pas beaucoup suivant la distance au point d'injection, les deux composantes correspondent à des contraintes de traction, c'est la composante σ_x qui a l'amplitude la plus importante. On peut noter l'influence des réglages de fabrication, la vitesse d'injection ainsi que la pression de maintien plus grande engendrent des contraintes internes plus fortes dans les pièces. Les amplitudes sont plus importantes que celles mesurées dans des plaques relaxées, ce qui traduit qu'il y a eu relaxation des contraintes thermiques pendant le stockage.

La méthode de photoélasticimétrie nous a permis de vérifier dans la zone de mesure des nouvelles plaques PC et PS que les contraintes de niveau 1 sont légèrement plus importantes que celles de niveau 2, ce que confirment les résultats obtenus avec l'onde Lcr.

Influence de la fréquence utilisée sur l'épaisseur sondée

Seules les ondes de Rayleigh sont de vraies ondes de surface, dont la pénétration dans le matériau semi-infini est de l'ordre d'une longueur d'onde λ, à cette profondeur 10% de l'énergie est encore propagée et à deux longueurs d'onde il n'en reste plus que 2%. Les ondes Lcr ne sont pas des ondes de surface, toutefois elles se propagent au voisinage de cette surface et des travaux récents [QOZ08] ont montré que dans le cas des aciers, cette profondeur était de l'ordre de $1,8\lambda$. Si l'on applique ce résultat au cas des polymères thermoplastiques, des mesures effectuées à la fréquence de 2,25 MHz correspondraient à une profondeur de pénétration d'environ 1,8 mm, et pour les fréquences de 3,5 MHz et de 5 MHz, on obtiendrait 1,2 mm et 0,8 mm respectivement. Les résultats obtenus avec l'onde Lcr à ces trois fréquences, ont montré des différences entre les trois profils.

Daly [DAL98] a indiqué que dans les polymères injectés, la distribution des contraintes résiduelles à travers l'épaisseur de la pièce peut présenter trois types de profil différents, en fonction du matériau, de la géométrie de la pièce, et de leurs conditions de fabrication. Les profils de contraintes peuvent suivre une distribution de type « compression en surface et traction à cœur », une distribution « traction en surface, compression en subsurface et traction à cœur », ou encore une distribution « traction en surface et compression à cœur ». D'après les différents types de profils des contraintes dans l'épaisseur de la pièce trouvés dans la bibliographie, on ne peut pas actuellement statuer sur la validité des résultats obtenus avec l'onde Lcr en fonction de la fréquence utilisée.

Il faudrait mettre en œuvre une des méthodes basées sur la relaxation par enlèvement de matière ou la méthode du trou incrémental, afin de confirmer les différences obtenues avec l'onde Lcr en utilisant les fréquences de 2,25 MHz, de 3,5 MHz et de 5 MHz.

Cette perspective permettrait d'envisager par la suite la détermination de contraintes moyennées sur différentes épaisseurs à l'intérieur de la pièce.

Perspectives

Afin de poursuivre cette étude, il conviendrait de développer les points suivants :

1. Concevoir un dispositif adapté au capteur Lcr pour effectuer des mesures automatisées avec le système C-Scan, afin d'améliorer la reproductibilité des mesures.

2. Travailler à fréquence plus élevée entre 5 et10 MHz pour minimiser le risque d'avoir des modes guidés.

3. Valider les résultats expérimentaux obtenus avec l'onde Lcr en fonction de la fréquence.

4. Modéliser la propagation des ondes Lcr dans le cas des matériaux polymères afin de caractériser leur profondeur de pénétration, dans l'optique de pouvoir déterminer des gradients de contraintes dans l'épaisseur.

5. Adapter cette technique aux polymères semi-cristallins, en prenant en compte l'effet de la structure sur la vitesse de propagation des ondes Lcr.

1. Comparaisons des résultats de la méthode C-Scan avec ceux de la photoélasticimétrie sur la plaque partiellement relaxée en PC

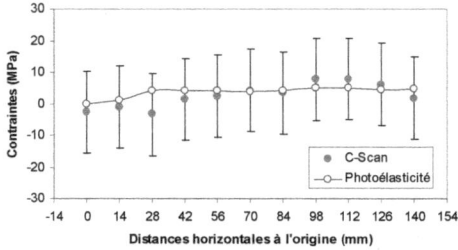

PC partiellement relaxée, ligne 1

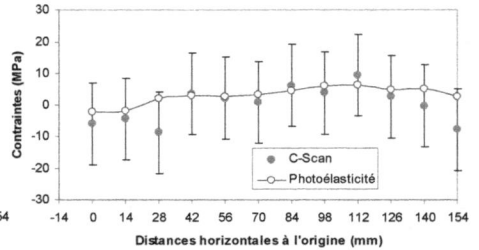

PC partiellement relaxée, ligne 2

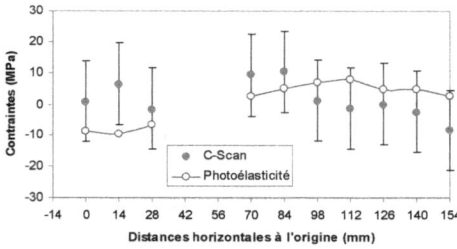

PC partiellement relaxée, ligne 3

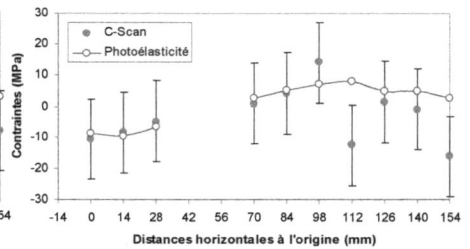

PC partiellement relaxée, ligne 4

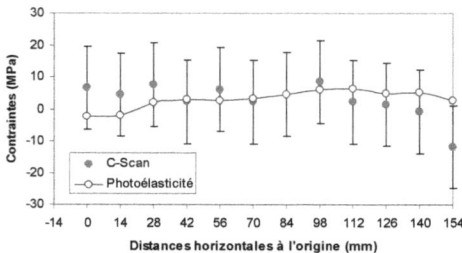

PC partiellement relaxée, ligne 5

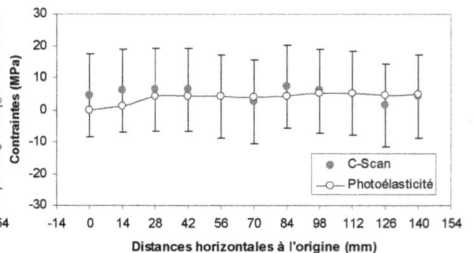

PC partiellement relaxée, ligne 6

2. Comparaisons des résultats de la méthode C-Scan avec ceux de la photoélasticimétrie sur la plaque partiellement relaxée en PS

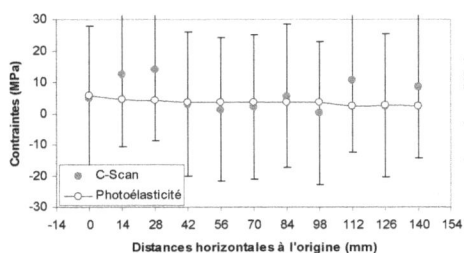

PS partiellement relaxée, ligne 1

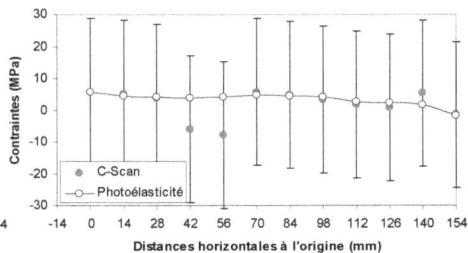

PS partiellement relaxée, ligne 2

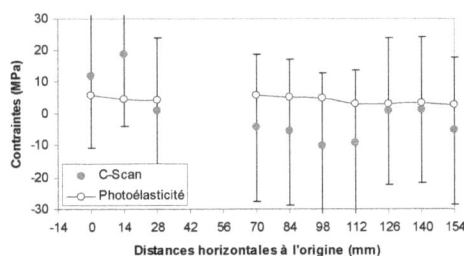

PS partiellement relaxée, ligne 3

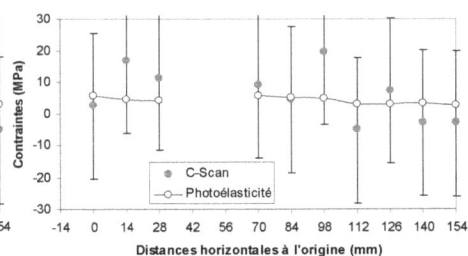

PS partiellement relaxée, ligne 4

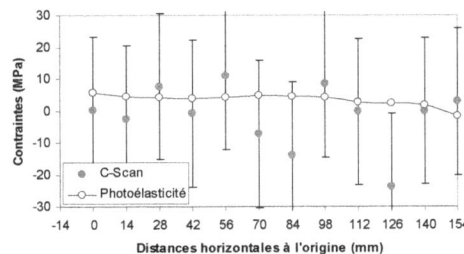

PS partiellement relaxée, ligne 5

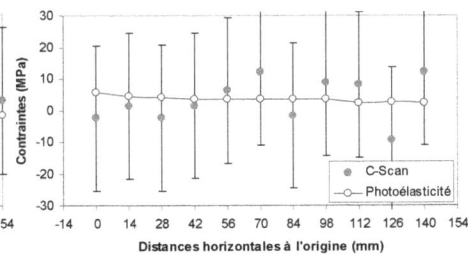

PS partiellement relaxée, ligne 6

3. Déterminations des contraintes σ_x et σ_y par la méthode Lcr sur la plaque partiellement relaxée en PC ($f = 2,25$ MHz)

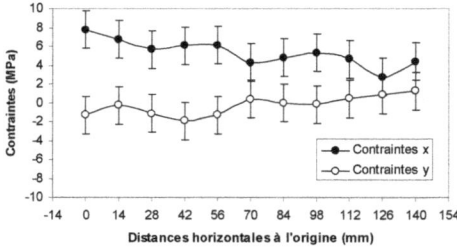

PC partiellement relaxée, ligne 1

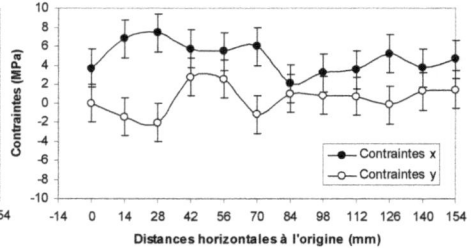

PC partiellement relaxée, ligne 2

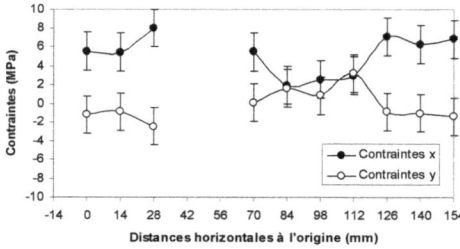

PC partiellement relaxée, ligne 3

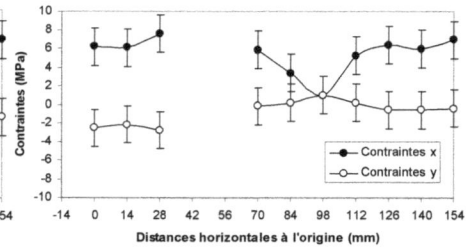

PC partiellement relaxée, ligne 4

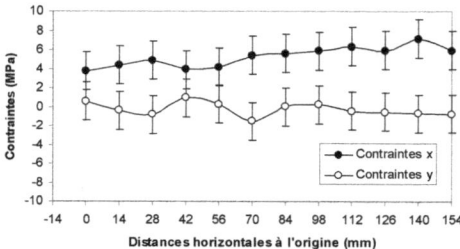

PC partiellement relaxée, ligne 5

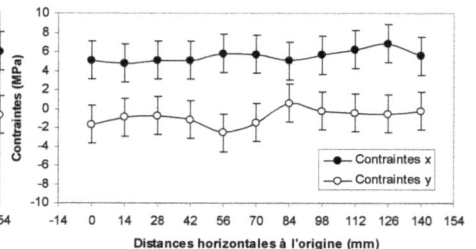

PC partiellement relaxée, ligne 6

4. Déterminations des contraintes σ_x et σ_y par la méthode Lcr sur la plaque partiellement relaxée en PS (f = 2,25 MHz)

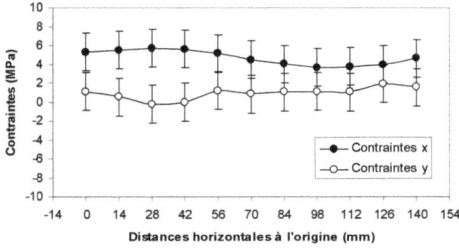

PS partiellement relaxée, ligne 1

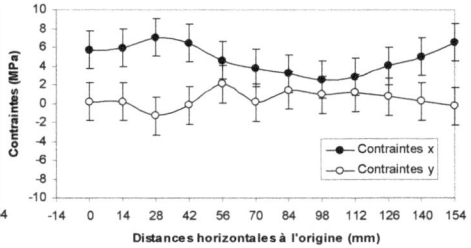

PS partiellement relaxée, ligne 2

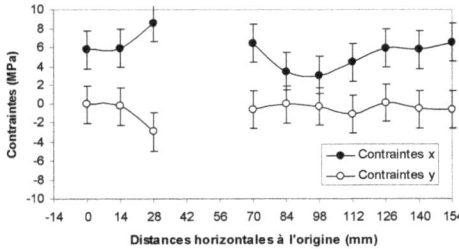

PS partiellement relaxée, ligne 3

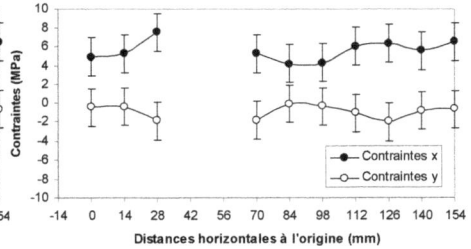

PS partiellement relaxée, ligne 4

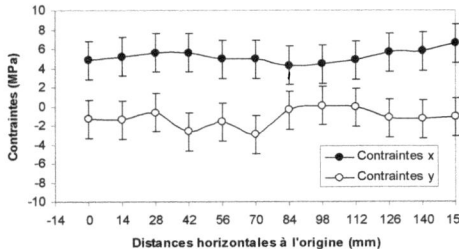

PS partiellement relaxée, ligne 5

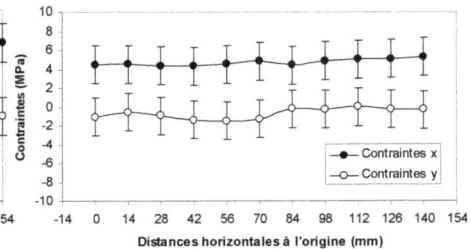

PS partiellement relaxée, ligne 6

5. Comparaisons des résultats de la méthode Lcr (f = 2,25 MHz) avec ceux de la photoélasticimétrie sur la plaque partiellement relaxée en PC

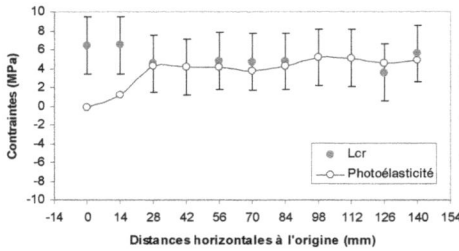

PC partiellement relaxée, ligne 1

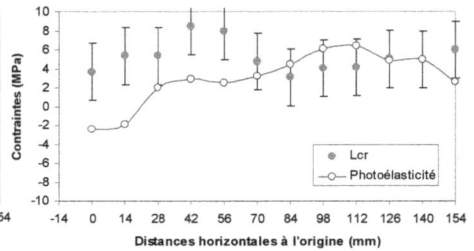

PC partiellement relaxée, ligne 2

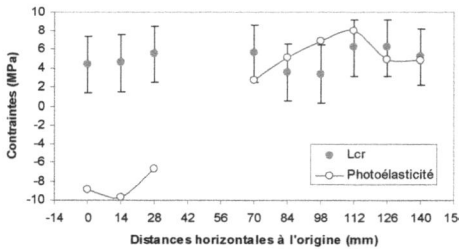

PC partiellement relaxée, ligne 3

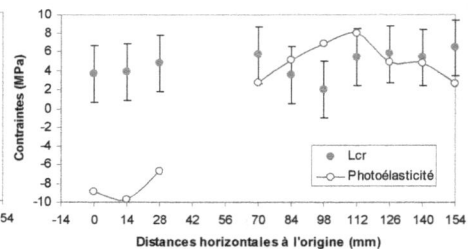

PC partiellement relaxée, ligne 4

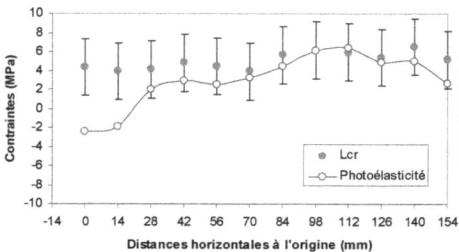

PC partiellement relaxée, ligne 5

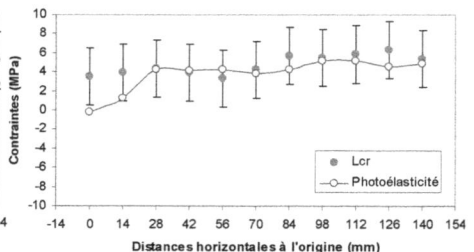

PC partiellement relaxée, ligne 6

6. Comparaisons des résultats de la méthode Lcr (f = 2,25 MHz) avec ceux de la photoélasticimétrie sur la plaque partiellement relaxée en PS

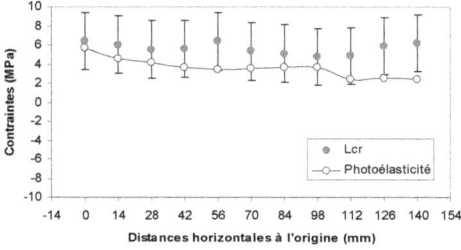

PS partiellement relaxée, ligne 1

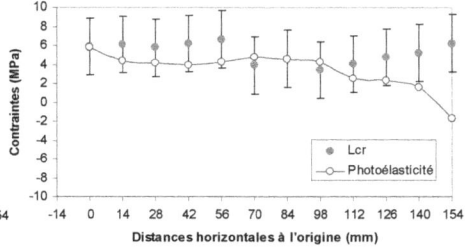

PS partiellement relaxée, ligne 2

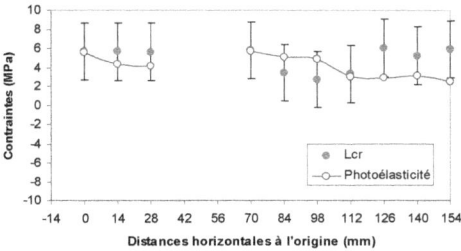

PS partiellement relaxée, ligne 3

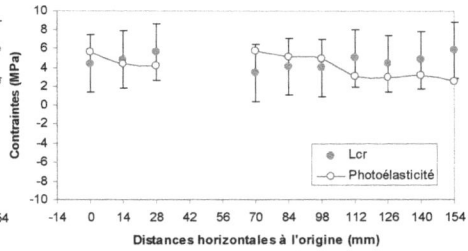

PS partiellement relaxée, ligne 4

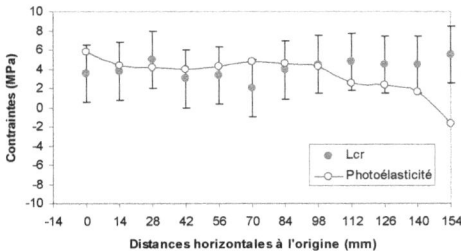

PS partiellement relaxée, ligne 5

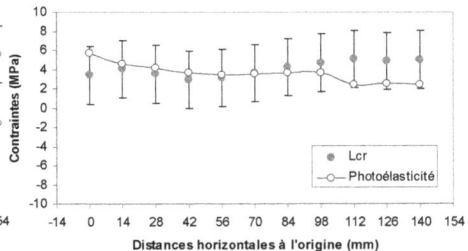

PS partiellement relaxée, ligne 6

7. Comparaisons des résultats de la méthode Lcr (*f* = 2,25 MHz) sur les nouvelles plaques en PC avec des contraintes de niveaux différents

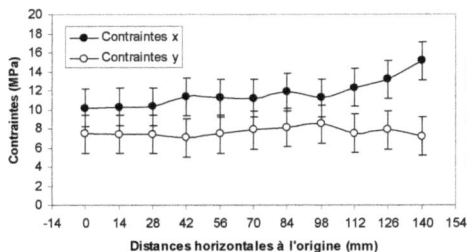

PC contraintes niveau 1, ligne 1

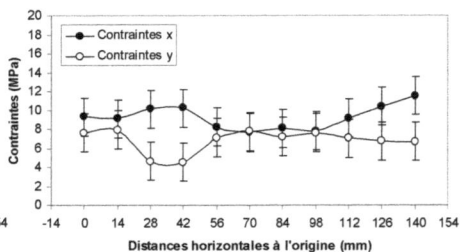

PC contraintes niveau 2, ligne 1

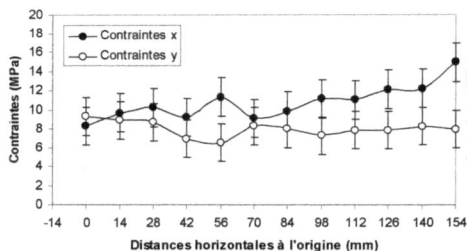

PC contraintes niveau 1, ligne 2

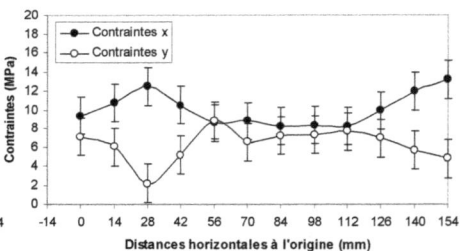

PC contraintes niveau 2, ligne 2

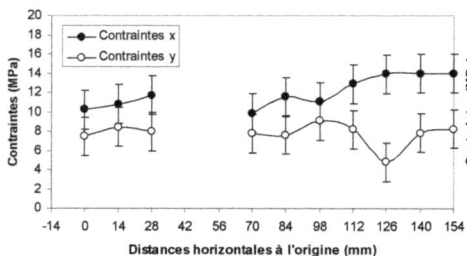

PC contraintes niveau 1, ligne 3

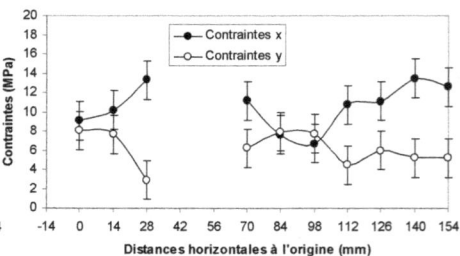

PC contraintes niveau 2, ligne 3

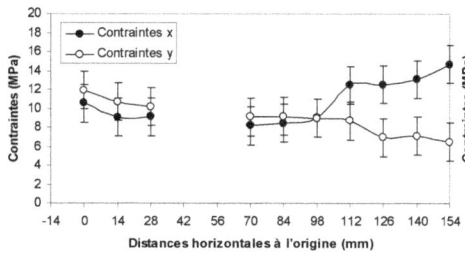

PC contraintes niveau 1, ligne 4

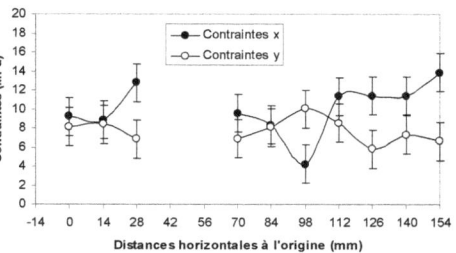

PC contraintes niveau 2, ligne 4

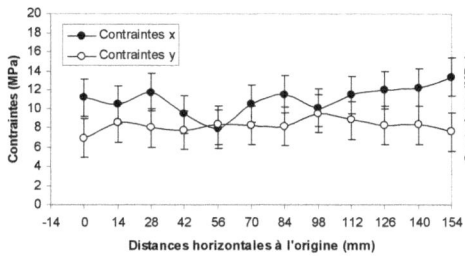

PC contraintes niveau 1, ligne 5

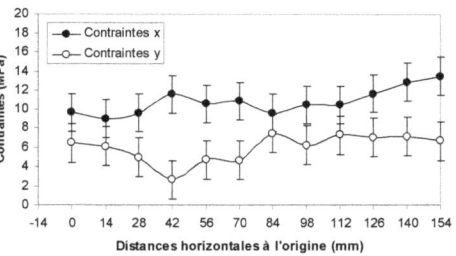

PC contraintes niveau 2, ligne 5

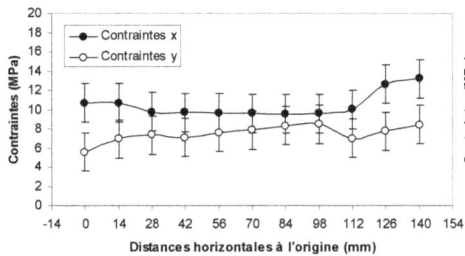

PC contraintes niveau 1, ligne 6

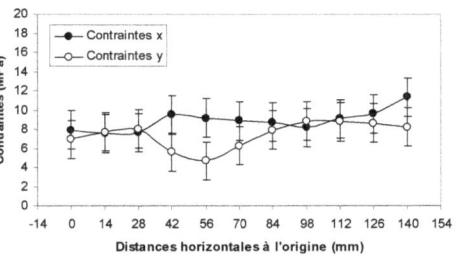

PC contraintes niveau 2, ligne 6

157

8. Comparaisons des résultats de la méthode Lcr (*f* = 2,25 MHz) sur les nouvelles plaques en PS avec des contraintes de niveaux différents

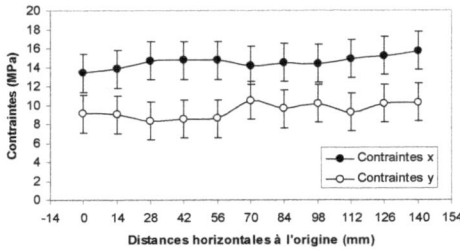

PS contraintes niveau 1, ligne 1

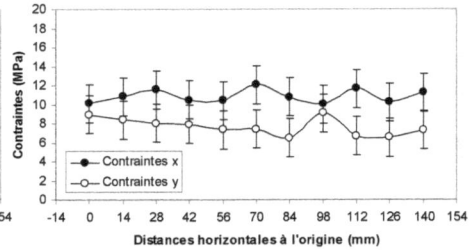

PS contraintes niveau 2, ligne 1

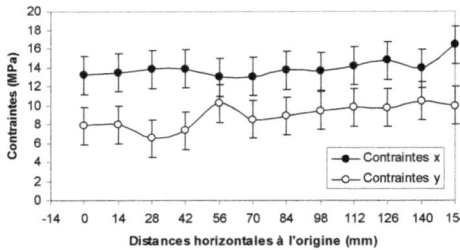

PS contraintes niveau 1, ligne 2

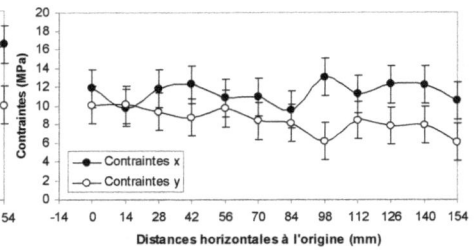

PS contraintes niveau 2, ligne 2

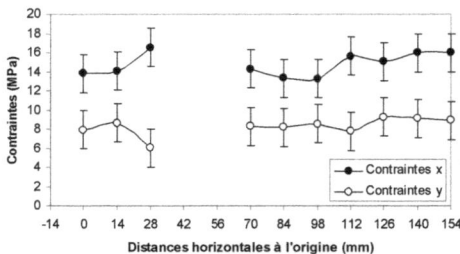

PS contraintes niveau 1, ligne 3

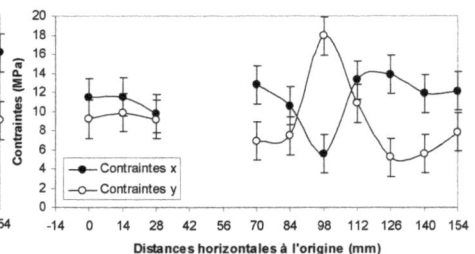

PS contraintes niveau 2, ligne 3

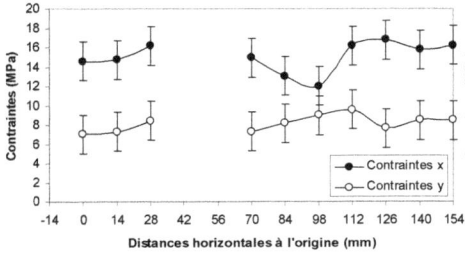

PS contraintes niveau 1, ligne 4

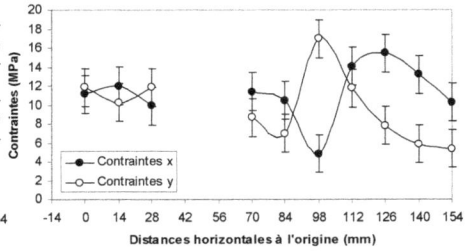

PS contraintes niveau 2, ligne 4

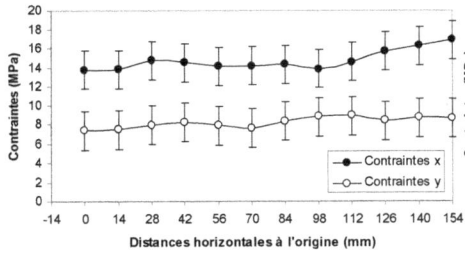

PS contraintes niveau 1, ligne 5

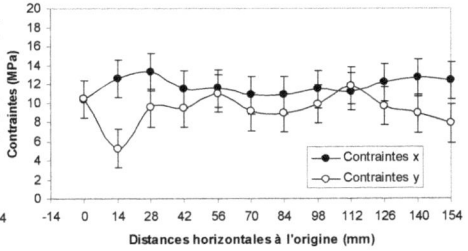

PS contraintes niveau 2, ligne 5

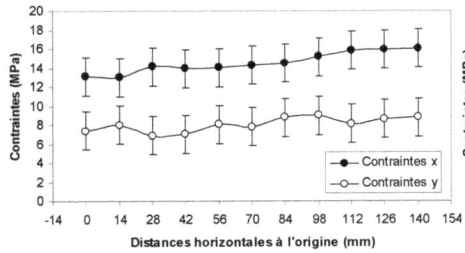

PS contraintes niveau 1, ligne 6

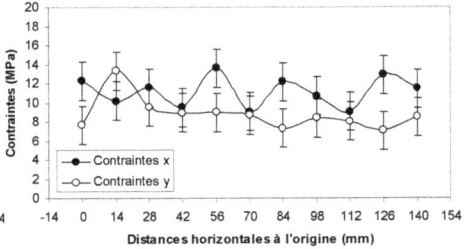

PS contraintes niveau 2, ligne 6

9. Comparaisons des résultats de la méthode Lcr à la fréquence différente sur la nouvelle plaque en PC avec des contraintes de niveau 1

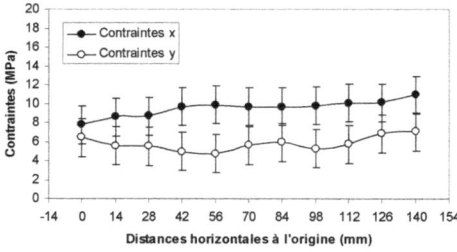

PC niveau 1, ligne 1, f = 3,5 MHz

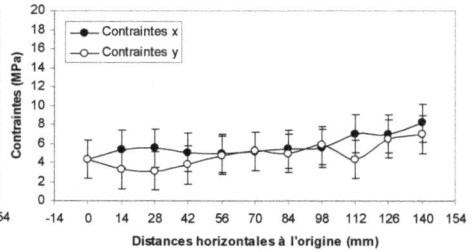

PC niveau 1, ligne 1, f = 5 MHz

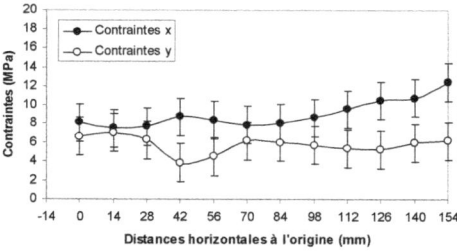

PC niveau 1, ligne 2, f = 3,5 MHz

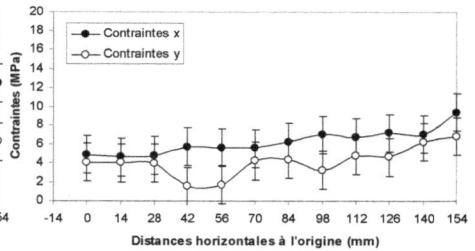

PC niveau 1, ligne 2, f = 5 MHz

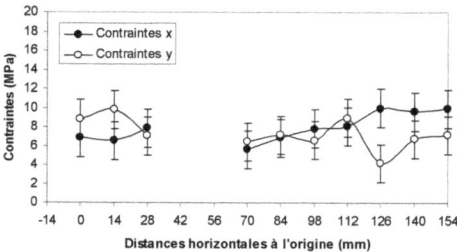

PC niveau 1, ligne 3, f = 3,5 MHz

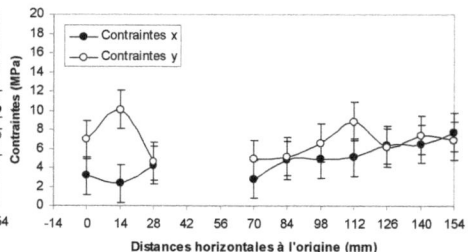

PC niveau 1, ligne 3, f = 5 MHz

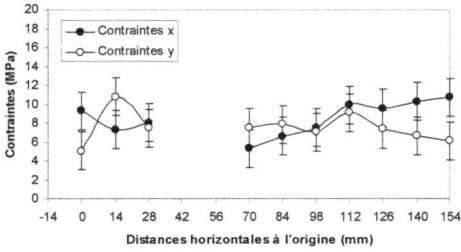

PC niveau 1, ligne 4, f = 3,5 MHz

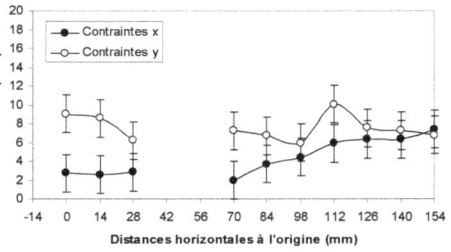

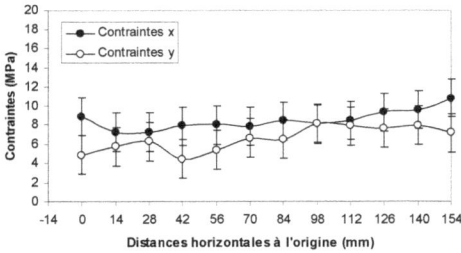

PC niveau 1, ligne 4, f = 5 MHz

PC niveau 1, ligne 5, f = 3,5 MHz

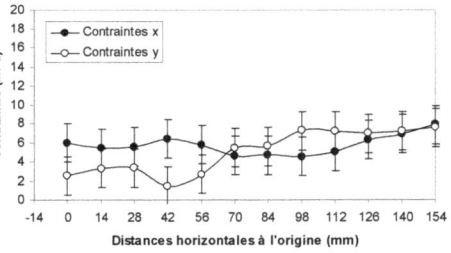

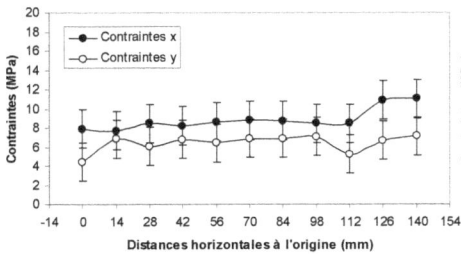

PC niveau 1, ligne 5, f = 5 MHz

PC niveau 1, ligne 6, f = 3,5 MHz

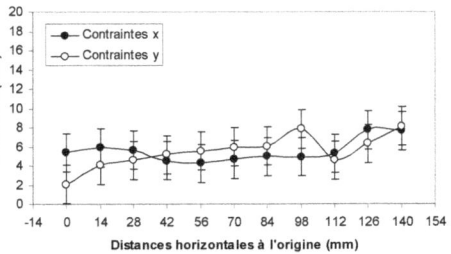

PC niveau 1, ligne 6, f = 5 MHz

10. Comparaisons des résultats de la méthode Lcr pour deux fréquences différentes sur la plaque en PS avec des contraintes de niveau 1

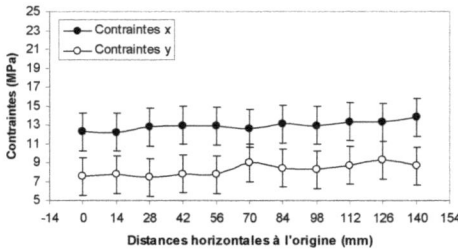

PS niveau 1, ligne 1, *f* = 3,5 MHz

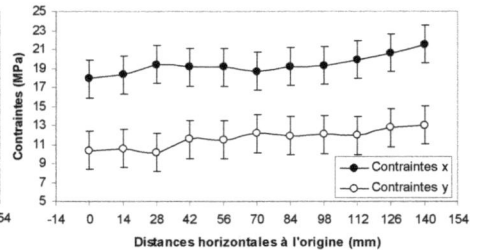

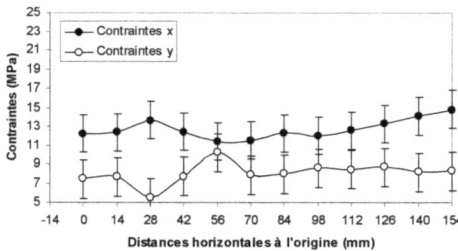

PS niveau 1, ligne 1, *f* = 5 MHz

PS niveau 1, ligne 2, *f* = 3,5 MHz

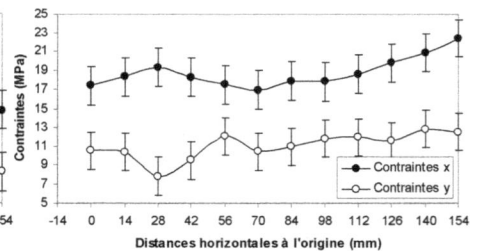

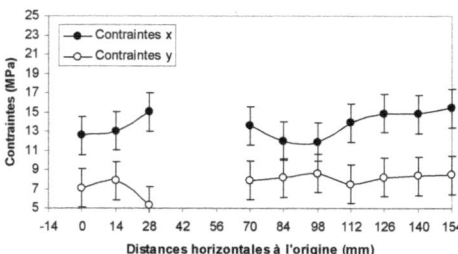

PS niveau 1, ligne 2, *f* = 5 MHz

PS niveau 1, ligne 3, *f* = 3,5 MHz

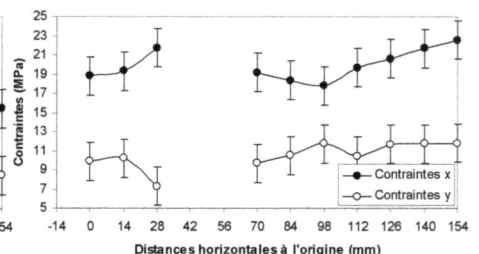

PS niveau 1, ligne 3, *f* = 5 MHz

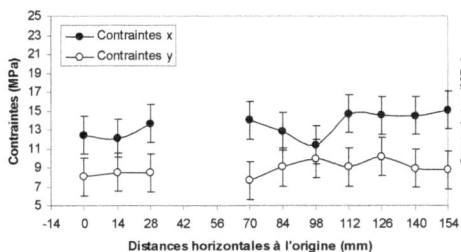

PS niveau 1, ligne 4, *f* = 3,5 MHz

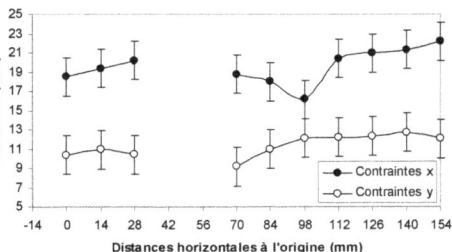

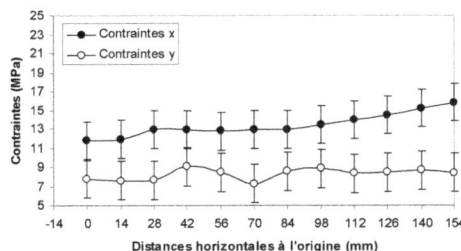

PS niveau 1, ligne 4, *f* = 5 MHz

PS niveau 1, ligne 5, *f* = 3,5 MHz

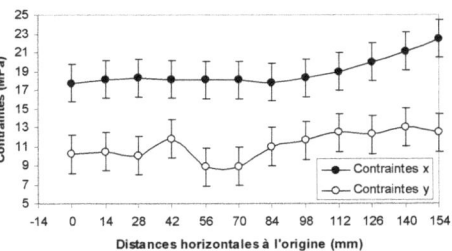

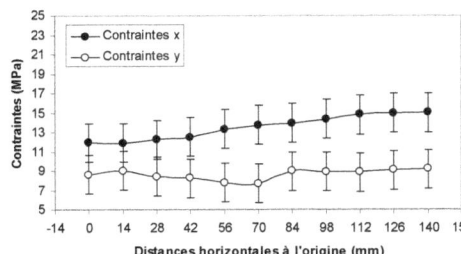

PS niveau 1, ligne 5, *f* = 5 MHz

PS niveau 1, ligne 6, *f* = 3,5 MHz

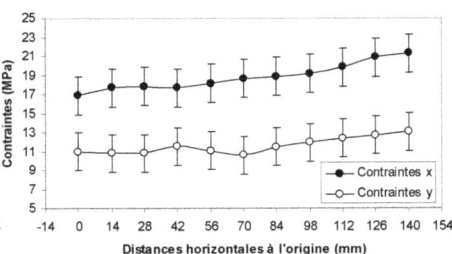

PS niveau 1, ligne 6, *f* = 5 MHz

163

Bibliographie

[ABD97] Y. Abdallahoui. Evaluation des contraintes résiduelles dans les assemblages soudés par méthode ultrasonore – Prise en compte de la microstructure. Thèse de doctorat, Université de Technologie de Compiègne, soutenue le 29 avril 1997.

[ADA91] Mary Elizabeth Adams, Gregory A. Campbell, Arie Cohen. Thermal stress induced damage in a thermoplastic matrix material for advanced composites. Polymer Engineering & Science, Vol. 31, Iss. 18 (1991): 1337–1343.

[AGA01] J. F. Agassant, M. Vincent. Modélisation de l'injection: compactage et contraintes résiduelles. Techniques de l'ingénieur, Réf. AM 3696, partie 2 : Déformations et contraintes résiduelles, 07/2001. Available from: http://www.techniques-ingenieur.fr (Page consultée le 10/02/2006).

[AST01] ASTM_International. E837: Standard Test Method for Determining Residual Stresses by the Hole-Drilling Strain-Gage Method. 2001, 1-10.

[ASTM] ASTM D 1939-84. Determining Residual Stresses in Extruded or Molded Acrylonitrile-Butadiene-Styrene (ABS) Parts by Immersion in Glacial Acetic Acid.

[AVR84] Jean AVRIL. Encyclopédie d'analyse des contraintes, Micromesure Ed., Paris, 1984.

[BAS81] L. V. Basatskaya, I. N. Ermolov. Theoritical study of ultrasonic longitudinal subsurface waves in solid media. Defektoskopiya, Vol. 7 (1981): 58-65.

[BAS98] S. Bastida, J. I. Eguiazabal, M. Gaztelumendi. On the thickness dependence of the Modulus of Elasticity of Polymers. Polymer Testing, Vol. 17 (1998): 139-145.

[BEL00] Farid Belahcene. Détermination des contraintes résiduelles superficielles par méthode ultrasonore. Thèse de doctorat, Université de Technologie de Troyes, soutenue le 12 avril 2000.

[BEN01] B. Benedikt, M. Kumosa, P. K. Predecki. An analysis of residual thermal stresses in a unidirectional graphite/PMR-15 composite based on X-ray diffraction measurements. Composites Science and Technology, Vol. 61 (2001): 1977-1994.

[BEN04]   B. Benedikt, M. Gentz, L. Kumosa. X-ray diffraction experiments on aged graphite fiber/polyimide composites with embedded aluminum inclusions. Composites: Part A, Vol. 35 (2004): 667-681.

[BER58] R. M. Bergmann, R. A. Shahbender. Effect of statically applied stresses on the velocity of propagation of ultrasonic waves. Journal of Applied Physics, Vol. 29 (1958): 1736-1738.

[BIL93] Nykolai Bilaniuk, George S. K. Wong. Speed of sound in pure water as a function of temperature. Journal of the Acoustical society of America, Vol. 93, Iss. 3 (1993): 1609-1612.

[BOS92] Jean Bost. Matieres plastiques, deuxième édition, Technique et Documentation – Lavoisier, 1992.

[BOU05] G. Bourse, J. Hoblos, C. Robin. Evaluation des contraintes résiduelles induites par soudage par la méthode ultrasonore: application au cas des équipements sous pression. Journées d'Etudes Européennes sur les Equipements sous Pression, Congrès ESOPE, Paris 28-30 septembre 2004, Fabrication-soudage-Contrôle B70 – Proceedings : 695-704.

[BOU08] G. Bourse. Contribution à l'évaluation non destructive des matériaux : Evaluation des contraintes par méthode ultrasonore et Caractérisation élastique des matériaux par la méthode V(z). Thèse d'Habilitation à diriger des recherches, Université de Valenciennes et du Hainaut Cambrésis, soutenue le 19 décembre 2008.

[BRA99] Don E. Bray, Brent Chance. Practical aspects of ultrasonic stress measurement. ASME – NDE, 6th NDE Topical Conference, Vol. 19, 1999.

[BRA00] Don E. Bray. Current directions of Ultrasonic Stress Measurement Techniques. 15th Word Conference on Nondestructive Testing, Roma, 2000.

[BRA01] Don E. Bray, Wei Tang. Subsurface stress evaluation in steel plates and bars using the Lcr ultrasonic wave. Nuclear Engineering and Design, Vol. 207 (2001): 231-240.

[BRA05] Don E. Bray, John Vela, Raed S. Al-Zubi. Stress and temperature effects on ultrasonic properties in cross linked and high density polyethylene. Journal of Pressure Vessel Technology, Vol. 127, Iss. 3 (2005): 220-225.

[BRA06] Don E. Bray, Raed Al-Zubi. Evaluating ultraviolet degradation in cross-linked polyethylene storage tanks using ultrasound. Materials Evaluation, Vol. 64, Iss. 3 (2006): 285-291.

[CAR00] Marc Carrega et coll. Matériaux industriels – Matériaux polymères. Dunod, Paris, 2000.

[CHA90] T. J. Chapman, J. W. Gillespie, R. B. Pipes. Prediction of process-induced residual stresses in thermoplastic composites. Journal of Composite Materials, Vol. 24 (1990): 616-643.

[CHA07] S. Chaki, G. Corneloup, I. Lillamand, H. Walaszek. Combination of longitudinal and transverse ultrasonic waves for in situ control of the tightening of bolts. Journal of Pressure Vessel Technology, Vol. 129, Iss. 3 (2007): 383-390.

[CHE94] Shia-Chung Chen and Yung-Cheng Chen. Calculations of the flow-induced residual stress development in the injection moulded plate. Computers & Structures, Vol. 52 (1994): 1043-1050.

[CHE00] X. Chen, Y. C. Lam, D. Q. Li. Analysis of thermal residual stress in plastic injection molding. Journal of Materials Processing Technology, Vol. 101 (2000): 275-280.

[CHO99] Du-Soon Choi, Yong-Taek Im. Prediction of shrinkage and warpage in consideration of residual stress in integrated simulation of injection molding. Composite Structures, Vol. 47 (1999): 655-665.

[CLA87] A. V. Clark, J. C. Moulder, R. B. Mignogna, P. P. Delsanto. Ultrasonic Determination of absolute stresses in aluminium and steel alloys. Residual Stresses in Science and Technology, E. Macherauch, V. Hauk (eds.), DGM Informationsgesellschaft mbH, Oberursel, Vol. 1 (1987): 207-214.

[CRE76] D. J. Crecraft. The measurement of applied and residual stresses in metals using ultrasonic waves. Journal of Sound and Vibration, Vol. 5 (1976): 173-193.

[DAL98] H. Ben Daly, K. T. Nguyen, B. Sanschagrin, K. C. Cole. The build-up and measurement of molecular orientation, crystalline morphology, and residual stresses in injection molded parts: a review. Journal of Injection Molding Technology, Vol. 2, Iss. 2 (1998): 59-85.

[DUQ97] M. Duquennoy. Analyse ultrasonore des contraintes résiduelles dans les alliages d'aluminium par onde de Rayleigh. Thèse de doctorat , Université de Valenciennes et du Hainaut Cambrésis, soutenue le 19 décembre1997.

[DUQ99] M. Duquennoy, M. Ouaftouh, M. Ourak. Ultrasonic evaluation of stresses in orthotropic materials using Rayleigh waves. NDT&E International, Vol. 32 (1999): 189-199.

[EGL76] D. M. Egle, Don E. Bray. Measurement of acoustoelastic and third-order elastic constants for rail steel. Journal of the Acoustical Society of America, Vol. 60, Iss. 3 (1976): 741-744.

[EIJ97] M. P. I. M. Eijpe, P. C. Powell. Residual stress evaluation in composites using a modified layer removal method. Composite Structures, Vol. 37, Iss. 3-4 (1997): 335-342.

[FAV88] J. P. Favre. Residual thermal stresses in fibre reinforced composite materials – a review. Journal of the Mechanical Behavior of Materials, Vol. 1, Iss. 1-4 (1988): 37-53.

[HAN97] Kyeong-Hee Han, Yong-Taek Im. Compressible flow analysis of filling and postfilling in injection molding with phase-change effect. Composite Structures, Vol. 38, Iss. 1-4 (1997): 179-190.

[HAR01] Kevin Harkreader. Effects of Temperature on High Density Polyethylene Piping and Accuracy of Ultrasonic Thickness Gaging. Materials Evaluation, Vol. 59 (2001): 1033-1036.

[HAU84] V. M. Hauk, E. Macherauch. A useful guide for X-ray stress evaluation. Advances in X-ray Analysis, Vol. 27 (1984): 81-99.

[HAU87] V. Hauk, A. Troost, D. Ley. Evaluation of (residual) stresses in semicrystalline polymers by X-rays. Advances in Polymer Technology, Vol. 7 (1987): 389-396.

[HAU99] V. Hauk. Structural and residual stress analysis by X-ray diffraction on polymeric materials and composites. Advances in X-ray Analysis, Vol. 42 (1999): 540-554.

[HEB06] Bobing He, Xue Yuan, Hong Yang, Hong Tan, Lingxi Qian, Qin Zhang, Qiang Fu. Ultrasonic measurement of orientation in HDPE/iPP blends obtained by dynamic packing injection molding. Polymer, Vol. 47 (2006): 2448-2454.

[HEY82] J. S. Heyman, E. J. Chern. Ultrasonic Measurements of Axial Stress. Journal of Testing and Evaluation, Vol. 10 (1982): 202-211.

[HOB04] J. Hoblos. Evaluation des contraintes résiduelles par méthode ultrasonore avec prise en compte des effets de la microstructure : application au cas du soudage. Thèse de Doctorat, Université des Sciences et technologies de Lille, soutenue le 27 mai 2004.

[HUG53] D. S. Hughes, J. L. Kelly. Second-Order Elastic Deformation of Solids. Physical Review, Vol. 92, Iss. 5 (1953): 1145-1149.

[JAN98] M. B. Jansen K, D. J. Van Dijk, M. H. Husselman. Effect of Processing Conditions on Shrinkage in Injection Molding. Polymer Engineering & Science, Vol. 38, Iss. 5 (1998): 838-846.

[JAZ05] Said Jazouli, Wenbo Luo, Fabrice Bremand. Application of time-stress equivalence to nonlinear creep of polycarbonate. Polymer Testing, Vol. 24 (2005): 1-5.

[JOH91] N. J. Johnstron, T. W. Towell, P. M. Hergenrother. Physical and mechanical properties of high-performance thermoplastic polymers and their composites. In: L. A. Carlsson editor, Thermoplastic composite materials, Elsevier Science Publishers B.V., Amsterdam, 1991, 27-71.

[JON03] R. Jones. The glass transition in polymers-bulk and thin film. RPKB – Module polymer physics, PTN, Eindhoven, The Netherlands, 2003.

[KAB98] K. K. Kabanemi, H. Vaillancourt, H. Wang and G. Salloum. Residual stresses, shrinkage and warpage of complex injection molded products: numerical simulation and experimental validation. Polymer Engineering & Science, Vol. 38, Iss. 1 (1998): 21-37.

[KIM07] Chae Hwan Kim, Jae Ryoun Youn. Determination of residual stresses in injection-moulded flat plate: simulation and experiments. Polymer Testing, Vol. 26 (2007): 862-868.

[KOB98] Michiaki Kobayashi. Ultrasonic nondestructive evaluation of microstructural changes of solid materials under plastic deformation – Part II. Experiment and simulation. International Journal of Plasticity, Vol. 14, Iss. 6 (1998): 523-535.

[KRISH] M. Krishnan. Research Interests. Available from: http://www.jncasr.ac.in/mkrishna/research.html.

[LAF98] E. Lafranche, J. Pabiot. Temperature-dependent influence of molecular orientation and internal stresses on the deformation of injection-molded polypropylene parts. Journal of Applied Polymer Science, Vol. 68 (1998): 1661-1669.

[LER05] P.T. Lerche, R. Cepel, S.P. Neal. Attenuation coefficient estimation using experimental diffraction corrections with multiple interface reflections. Ultrasonics, Vol. 44 (2006): 83-92.

[MAE90] G. Maeder, J. L. Lebrun et J. M. Spaurel. Determination par diffraction des rayons X des contraintes internes – Aspects macro et microscopiques, Physique et mecanique de la mise en forme des materiaux, ED. Presses du CNRS-IRSID, 1990, 135-155.

[MAG06] Nadir MAGHLAOUI. Etude théorique et expérimentale de la propagation des ondes ultrasonores dans les solides polymères. Mémoire de magister, 2006.

[MAX03] A. S. Maxwell, A. Turnbull. Measurement of residual stress in engineering plastics using the hole-drilling technique. Polymer Testing, Vol. 22 (2003): 231-233.

[MEA88] Residual Stress Measurement, TN-503-3, Welwyn Strain Measurement, Measurements Group Inc., 1988.

[MEE89] Steven W. Meeks, D. Peter, D. Horne, K. Young and V. Novotny. Microscopic imaging of residual stress using a scanning phase-measuring acoustic microscope. Applied Physics Letter, Vol. 55, Iss. 18 (1989): 1835-1837.

[MES03] R. Meske, E. Schnack. Particular adaptation of X-ray diffraction to fiber reinforced composites. Mechanics of Materials, Vol. 35 (2003): 19-34.

[MUR51] T. D. Murnaghan. Finite Deformation of an Elastic Solid. John Wiley, New York, 1951.

[NIS00] T. Nishino, M. Kotera, N. Inayoshi. Residual stress and microstructures of aromatic polyimide with different imidization processes. Polymer, Vol. 41 (2000): 6913-6918.

[NOR73] P. J. Noronha, J. R. Chapman, J. J. Wert. Residual Stress Measurement and Analysis Using Ultrasonic Techniques. Journal of Testing and Evaluation, Vol. 1, Iss. 3 (1973): 209-214.

[NDT06] Olympus NDT. Ultrasonic Transducers Technical Notes, 2006.

[OBA90] M. Obata, H. Shimada and T. Mihara. Stress dependence of leaky surface wave on PMMA by line-focus-beam acoustic microscope. Experimental Mechanics, Vol. 30, Iss. 1 (1990): 34-39.

[OLI06] Cyril OLIVERI. Détermination des contraintes internes dans les pièces injectées par méthode ultrasonore. Rapport de Master 2, Université des Sciences et Techniques de Lille1, 2006.

[PAR06] Patricia P. Parleviet, Harald E. N. Bersee, Adriaan Beukers. Residual Stresses in thermoplastic composites – A study of the literature – Part I: Formation of residual stresses. Composites: Part A, Vol. 37 (2006): 1847-1857.

[PAR07] Patricia P. Parleviet, Harald E. N. Bersee, Adriaan Beukers. Residual Stresses in thermoplastic composites – A study of the literature – Part II: Experimental techniques, Composites: Part A, Vol. 38 (2007): 651-665.

[PHO06] Laboratoire No. 5. Analyse expérimentale des contraintes – Photoélasticité Bidimentionnelle, 2006.

[QOZ08] Hanae QOZAM. Contribution de l'utilisation des ondes longitudinales Lcr à la détermination des contraintes résiduelles de soudage : Amélioration de la précision et de la reproductibilité des mesures. Thèse de doctorat, Université des Sciences et Techniques de Lille1, 2008.

[RAMAN] Raman Tutorial – A brief look at Raman scattering theory. Available from: http://www.kosi.com/raman/resources/tutorial/.

[REM04] Yves Rémond, Marc Védrines. Measurement of local elastic properties of injection moulded polymer structures by analysis of flexural resonant frequencies – Application in POM, PA66, filled PA66. Polymer Testing, Vol. 23 (2004): 267-274.

[REY98] Maurice REYNE. Aspects technico-économiques de l'utilisation des plastiques, Référence : AM3020, 1998.

[ROS95] D. Rosato. Injection Molding Handbook, 2nd ed., Chapman and Hall, London, 1995, 484-485.

[RUI05] Edu Ruiz, François Trochu. Numerical analysis of cure temperature and internal stresses in thin and thick RTM parts. Composites: Part A, Vol. 36 (2005): 806-826.

[SAN02] Lilia A. Sanchez, Lee E. Hornberger. Monitoring of residual stresses in injection-molded plastics with holographic interferometry. Optics and Lasers in Engineering, Vol. 37 (2002): 27-37.

[SAN06] Y. Y. Santana, J. G. La Barbera-Sosa, M. H. Staia. Measurement of residual stress in thermal spray coatings by the incremental hole drilling method. Surface & Coating Technology, Vol. 201 (2006): 2092-2098.

[SEN00] A. Sen, M. Bhattacharya. Residual stresses and density gradient in injection molded starch/synthetic polymer blends. Polymer, Vol. 41 (2000): 9177-9190.

[SIE87] A. Siegmann, S. Kenig, A. Buchman. Residual stresses in injection-molded amorphous polymers. Polymer Engineering & Science, Vol. 27, Iss. 14 (1987): 1069-1078.

[SOL04] I. Solodov, K. Pfleiderrer, H. Gerhard. Nonlinear acoustic approach to material characterisation of polymers and composites in tensile tests. Ultrasonics, Vol. 42 (2004): 1011-1015.

[STR88] L. C. E. Strucik. Dependence of relaxation times of glassy polymers on their specific volume. Polymer, Vol. 29 (1988): 1347-1353.

[SUN06] Lan Sun, Samad Edlou. Low birefringence lens design for polarization Sensitive Optical Systems. Proceedings SPIE, Vol. 6288, San Diego, 2006.

[TAK09] Sadayuki Takahashi, Hiroji Ohigashi. Ultrasonic imaging using air-coupled P(VDF/TrFE) transducers at 2 MHz. Ultrasonics, Vol. 49, Iss. 4-5 (2009): 495-498.

[TAN93] E.Tanala. Réalisation et utilisation de traducteurs ultrasonores pour la caractérisation des contraintes résiduelles. Thèse de doctorat, Université de Technologie de Compiègne, avril 1993.

[TAN95] E. Tanala, G. Bourse, M. Fremiot. Determination of near surface residual stresses on welded joints using ultrasonic methods. NDT&E International, Vol. 28, Iss. 2 (1995): 83-88.

[TAN96] Wei Tang, Don E. Bray. Stress and yielding studies using critical refracted longitudinal wave. ASME – PUBLICATIONS – PVP, Vol. 322 (1996): 41-48.

[TAS03] K. Tashiro, S. Nakamoto, T. Fujii. Generation and relaxation of large stress in the photoinduced solid-state polymerization reaction of diethyl muconate detected by simultaneous time-resolved measurement of X-ray diffraction and Raman spectra. Polymer, Vol. 44 (2003): 6043-6049.

[TAY03] Craig A. Taylor, Mark F. Wayne, Wilson K. S. Chiu. Residual stress measurement in thin carbon films by Raman spectroscopy and nanoindentation. Thin Solid Films, Vol. 429 (2003): 190-200.

[THO86] R. Bruce Thompson, S. S. Lee, and J. F. Smith. Angular dependence of ultrasonic wave propagation in a stressed, orthorhombic continuum: Theory and application to the measurement of stress and texture. Journal of the Acoustical Society of America, Vol. 80, Iss. 3 (1986): 921-931.

[TRE51] R. G. Treuting, W. T. Read. A mechanical determination of biaxial residual stress in sheet materials. Journal of Applied Physics, Vol. 22, Iss. 2 (1951): 130-134.

[TRE00] A Trende, B. T. Astrom, G. Nilsson. Modelling of residual stresses in compression moulded glass-mat reinforced thermoplastics. Composites: Part A, Vol. 31 (2000): 1241-1254.

[TRO93] J. P. Trotignon, J. Verdu, M. Piperaud. Précis de matières plastiques : structures – propriétés mise en œuvre et normalisation, 5ème édition, AFNOR NATHAN, 1993.

[TUR98] Turnbull, A. S. Maxwell, S. Pillai. Measurement Good Practice Guide – Residual Stress in Polymeric Moudings, National Physical Laboratory, 1998.

[TUR99] Turnbull, A. S. Maxwell, S. Pillai. Residual stress in polymers – evaluation of measurement techniques. Journal of Materials Science, Vol. 34 (1999): 451-459.

[UMB07] Jeffrey A. Umbach, Kevin D. Smith, R. Bruce Thompson. Systems and methods for determining the velocity of ultrasonic surface skimming longitudinal waves on various materials. European patent application, 2007.

[VER79] A. P. Verkhovets, A. E. Gal, L. E. Utevskii, and N. P. Leksovskaya. Comparison of mean molecular orientation factors determined by an acoustic method and by infrared spectroscopy. Mekhanika Kompozitnykh Materialov, Vol. 3 (1979): 549-553.

[WIM95] R. Wimberger-Friedl. The assessment of orientation, stress and density distributions in injection-molded amorphous polymers by optical techniques. Progress in Polymer Science, Vol. 20 (1995): 369-401.

[XRDCH] Chapter7 XRD. Available from:
http://www.eng.uc.edu/~gbeaucag/Classes/Analysis/Chapter7.pdf

[YOU00] Moheb H. Youssef, G.M. Nasr, A.S. Gomaa. Absorption and velocity of ultrasonic waves in interlinked SBR composite. Polymer Testing, Vol. 19 (2000): 311-320.

[YOU04] Wen-Bin Young. Residual stress induced by solidification of thermoviscoelastic melts in the postfilling stage. Journal of Materials Processing Technology, Vol. 145 (2004): 317-324.

www.ingramcontent.com/pod-product-compliance
Lightning Source LLC
Chambersburg PA
CBHW021051210326
41598CB00016B/1176